从职场
到情场
教你看穿男人

女性情感成长手册

王霜 著

台海出版社

图书在版编目（CIP）数据

从职场到情场：教你看穿男人/王霜 著 —北京：

台海出版社，2012.9

ISBN 978-7-5168-0051-5

Ⅰ.①从…Ⅱ.①王…Ⅲ.①女性-成功心理-通俗读物Ⅳ.

①B848.4-49

中国版本图书馆CIP数据核字（2012）第218886号

从职场到情场：教你看穿男人

著　　者：王　霜	
责任编辑：戴　晨	装帧设计：柏拉图
版式设计：柏拉图	责任印制：蔡　旭

出版发行：台海出版社

地　址：北京市景山东街20号，邮政编码：100009

电　话：010—64041652（发行，邮购）

传　真：010—84045799（总编室）

网　址：www.taimeng.org.cn/thcbs/defauit.htm

E-mail：th-cbs@163.com

经　销：全国各地新华书店

印　刷：北京佳明伟业印务有限公司

本书如有破损、缺页、装订错误，请与本社联系调换

开　本：880×1230　1/32	
字　数：134千字	印　张：6.75
版　次：2012年10月第1版	印　次：2012年10月第1次印刷
书　号：ISBN 978-7-5168-0051-5	

定　价：22.00元

　　这是一本从女性的角度入手，讲述男女之间，从职场到情场如何和谐相处的大众心理学读本。作者从心理学的角度，针对不同性格的女人做出了全方位的分析，为每一位困扰在这些问题上的女性做出了回答。

　　作者从容淡定洞悉世态，语言犀利风趣道破人情，娓娓讲述一个个我们身边发生的故事。书中几乎涵盖了所有女性面临的问题，从职场到情场，从人际关系到婚姻情感问题，从心理学理论的阐述到具体案例的剖析，深入浅出，循循善诱，引导迷惑中的女人走出心灵困境，是一本适合女性心灵励志书。

　　一个年轻的女性，当你尚不谙世事，却要面对陌生男人的时候，你所应该做的几点是什么？一个已经走入婚姻的女人，结婚之后却发现自己婚姻平淡无奇枯燥无味，那么你是否考虑过换一种思维来思考你的婚姻，来积极地改

善你的情感问题?

所有女性内在的成长,都是从自我了解开始。

有关部门的调查表明,70%以上的被调查女性,都程度不同地存在着与异性相处的困惑和焦虑,这种难言的无奈使女性的心灵遭受的困扰,已经日益影响到她们的生活,干扰了她们的幸福。女人想变得心情好些,情绪好些,与异性和谐相处,建立好的朋友关系、同事关系以及家庭关系,建立美好共存的生活空间,已经刻不容缓。

很多刚人职场或者初为人妻的年轻女性,由于缺乏与男人打交道的阅历,缺乏与异性交往的经验,不可避免地在内心里出现很多困惑和疑问。无从排解无处诉说这些无奈和忧虑的她们,非常渴求有一扇窗开启她们的心扉,给予她们智慧的点拨,教会她们与异性友好相处,共同缔造轻松愉快的和谐关系。

但与此同时,很多女性却一直以为,做为一门人文社会学科的心理学理论,是高深和难解的,与平常人的认知能力是有距离的,理论的抽象和隔膜是难以解决生活中现实的问题的。

其实不然。心理学就是一种思考方式,是

一种生活态度。在我们生活中，到处蕴涵了心理学独特的气息，只是，你需要一双发现智慧的眼睛。阅读本书，就是一次奇妙的心理阅读之旅。它会告诉你，枯燥的讳莫如深的心理学，完全可以用这样轻松有趣的形式展现它的魅力，并且吸引你，给你教益。

作为女性，一生在世，有两件事情尤其值得我们注重，其一是追求快乐，其二是逃避痛苦。虽然身为女性，同样拥有和男性一样至深的天性，那就是渴望成功，渴望被人所重视。女性需要友谊，需要实现自我价值，需要战胜自身的弱点，需要适应这个世界的能力，需要改善与身边人的关系，需要在和谐的社会里学会和人打交道——特别是与男人的交往。我们在这里为你打开新的思路，帮助你改变以往你作为女性早已经习以为常的思维定式。在这个浮躁的时代，这样的思考也许是特立独行的，但是尤为可贵。

刚刚步入人生之旅的年轻朋友，如果你没有时间阅读那些抽象的晦涩难懂的心理学理论书籍，就来看看这本书，书里面字里行间那些简单的人生哲理，都包含了丰富的内涵，在悄无声息间会化解你的惆怅、困惑与无奈。

幸福是我们一生的追求。读完这本书，你会觉得其实幸福真的离你不远，人生的道路，原来如此之宽广。

本书用23节讲述男女之间如何和谐相处，用生活中无处不在的通俗实例举证，并且进一步阐述心理学理论。一些实例是以负

面和心理创伤的方式呈现的，却更能使读者对心理学相关的知识获得全面和结构性的了解。有了这份了解，就能针对自己的缺失加以疗愈和平衡，避免一而再再而三再地在相同的地方跌倒。

作者王霜女士是一位资深职业媒体人、都市言情小说作家。她以新闻人的准确以及作家的敏锐观察，观察生活，提炼生活，判断生活，概括生活，在生活和职场中积累了丰富的案例，以通俗轻松的语言诠释了生活中无处不在的心理学的精深和奥妙之所在。

1 识别男人——当然
女人需要有心机

　　我曾经给很多女性朋友做这个测试，每次测试之后，大家的感受都是非常认同，频频点头。它是测试女性性心态性意识的，就是在你自己都不知晓的潜意识里会身不由己对异性哪些方面动心，进而产生美好的幻想和憧憬。

　　这个测试是这样的——

　　三个生活状态，你不得不去那里居住生活，你必选之一：

　　1. 曾经发生过凶杀案的现场；

　　2. 处决犯人的地方；

　　3. 火葬场烟顶上的房子。

　　我们先来告诉你答案再叙说缘由。

　　选择答案是：

　　选择1的朋友，以貌取人。

　　选择2的朋友，喜欢花言巧语。

选择3的朋友，看重对方名利。

女人根据什么做出这样的选择？根据我们的心态和习惯。之所以有不同的答案，是因为我们每个人本来就有不同的天赋和潜能，这是不能强求的。在这里，我们不主观地认定，哪一种选择就是对的，哪一种选择就是错的。

以貌取人，注重的是外表给她的心理感受，这种感受能更快更直接，能够更单纯或者更简单地产生爱欲，我们常说的男女一见钟情就是此种。

而喜欢花言巧语的女人却会被对方的灵动巧舌所迷惑和打动，自己给自己的心理设定一个迷局，叫自己心甘情愿深陷进对方的情欲其中。有的女人起初还有些被动甚至抵触，却反而会在男人巧舌如簧的温柔包围下，最后不能自拔。

看重对方名利的女人，相比较前两种类型，属于理智的一种，知道自己需要什么，这种人所存在的情欲的成分是建立在一定物质条件之上的，这个条件非常重要，她们的欲望可以因那些物质产生，也可以因为那些物质消亡。但是这样的解释，并不是就否定她们有真情欲的存在，恰恰相反，任何动机都会成为女人情欲的催化剂，甚至对权利和物质的强烈欲念和女人的情欲是成正比的。

而且我们发现，这个测试打破了一个司空见惯约定俗成的定论，就是所谓"在哪里跌倒的，就会在哪里爬起来"，这个经验理论并非放之四海而皆准的。上述行为给我们验证的却是："在哪里跌倒的，还会在哪里再次跌倒。"

我们发现，无论是以貌取人，无论喜欢花言巧语，还是看重对方名利，都是依据一个人的心态和习惯，这一切预示着这个女人的天赋和潜能。正因为如此，你每次与异性相识，都会按照同样的方式行为做事，于是就总会出现同样的情景，尽管你曾经有过结果，尽管从前的往事在你的脑海中已经非常的模糊，但现实中你所做的事情却越来越清晰地映照着你以往的一切，包括曾经的结果，这就叫做重蹈覆辙。

我们曾经试着归纳总结女人识别男人的心态和习惯，与她的个人出身、身体条件、家庭状态、成长环境、教育程度、性情禀赋等因素之间的有机联系，找出共性的东西，发现每一个线索都有牵连，但又不统一一致。不仅是在女人自身的经历和成长过程中，因为心智的高低获得的感悟不同，更因为，她们人生境遇中相识相遇的各类男人，角色实在难以雷同，这在很关键的一个地方提醒了我们，就是女人的人生经历获知的感受程度，对触发她的天赋和发掘她的潜能是何等的重要。

依据于此，同样是以貌取人的女人，同样是喜欢花言巧语的女人，同样是看重对方名利的女人，一样的取舍，人生命运却是截然不同。

生活中的案例，能帮助我们更详尽周到地解读上述理论。

我们肯定不会举出女人以貌取人和喜欢花言巧语，然后上当吃亏的凡俗例子，因为这方面的理论说教已经老套地让我们厌烦到了一定的地步。

肖敏和田静都是研究生毕业，之后同时到了一所大学任教，虽然一个文科，一个理科，却分配到了一个宿舍。和甜美可爱的田静比起来，肖敏不算漂亮，中文系毕业，姿色一般，也不化妆打扮，人看上去也平静淡然，人多的场合也不怎么爱表现，几乎就不怎么和男生说话，所以大家一般不会注意到她。而学生物的田静却因为漂亮的面孔、时尚的衣着还有一对笑起来很好看的小酒窝，非常受男生青睐，无论是上班时间她的办公桌边，还是下班以后在餐厅或者宿舍，经常可见围着这个美丽女孩转悠的显然心有所图的男生。很自然的，两个青春年华的女孩很快都有了爱慕她们的追求者，不仅如此，很多热心肠的同事也开始为她们物色男友，于是，几乎每周末，两个女孩都会被拉出去相亲，或者被男孩子邀请去吃饭或娱乐。

在这一过程中，肖敏和田静就各自的恋爱经历，开始交流各自审视男生的经验看法，渐渐地，她们发现做为女人，都各自有一双眼睛，在明处暗里对男生进行识别，交流中她们发现彼此的择偶标准既有分歧又有一致。

肖敏出生于一个美满和睦的工人家庭，希望找一个人品端正、好好过日子、有一技之长的男人，虽然不指望他将来达官显赫，但是靠自己一双手能过幸福稳定的生活足矣。说到外貌，肖敏说，并不是特别在意，只要人好。按照我们文章起首那个女人性心理测试，对肖敏做测试的结果是，肖敏选择了答案3，就是看中对方名利。面对这个不算褒奖的答案，肖敏却也不知其究竟。

田静是在单亲家庭长大的孩子，虽然外表活跃，其实敏感多疑，家庭的境遇使她内心没有安全感。虽然追求她的男生很多，读大学的时候，还有一段长达三年的恋情，但是终于因为她的任性和无端耍闹，被男友离弃。这样的结果没有让她反思自己的毛病，相反，更助长了她对男人的不信任和冷漠，她那些对男生的热情都是伪装的，为的就是观察所谓对自己情有独钟的男生，究竟爱自己能到什么程度而已。但也许你没有想到的是，对田静做的性心理测试的结果，却和肖敏一致，田静也是不看重对方外貌，不喜欢花言巧语。

一致的选择标准，却并不意味着一样的结局。

肖敏经人介绍，和另一所大学化学系任教的刘萧声认识了。小刘是从农村出来的，人外表长的普通，家里很穷，而且他自己这几年因为刚毕业不久，也没什么积蓄。小刘为人木讷厚道，也不会说甜言蜜语，和肖敏恋爱后，不懂什么浪漫，也没送过什么像样的礼物。但是，肖敏没有挑剔他，觉得他稳重老实，和他在一起心里踏实，双休日的时候，反而是肖敏总去

刘萧声的宿舍帮他洗衣服做饭。

田静却很看不上小刘，觉得肖敏很奇怪。她对肖敏说，刘萧声哪好呀，长相长相不行，人看着也不灵透，看职位就是一个大学老师，能有什么前程呀，又穷，真不知道你看上他啥了，难道怕自己老了没人要呀。

肖敏却不以为然，她对田静说，我和你的看法可不一样，选男人，当然首先看他的人品，然后看他能否有自己养活自己的本事，有没有能力生存是最重要的，我觉得小刘挺好的，再说，也要看看咱自己的情况，我又不是什么天仙大美人，我觉得我和他挺相配的，没房子，就先租吧，慢慢来，以后会有的。

田静听了肖敏的话，再无话可说，就当场嘲弄肖敏纯粹找了一个寡淡无味的经济适用男。

不久，肖敏就和经济适用男刘萧声领了结婚证，回小刘乡下老家办了简单的婚礼，回来以后，在小刘学校院里租了一间房住下了。肖敏每天就坐公交车上班。而那个时候之前，小刘就在他的实验室，开始了他自己一项化学添加剂的实验，常常工作到深夜，非常辛苦。

转眼三年过去了。田静已经30岁了，仍然单身。岁月的痕迹已经开始爬上了美人的眼角，可是，田静仍然还是从前的生活方式，只是身边已经没有了追随者，变得形单影只孤零零

的。其实，在肖敏结婚以后的日子里，田静至少断断续续和5
个男朋友交往。之所以没有结局，并不是那些男人不够好不够
出色。他们的性格特点，不能一一详述，概括说来，有学历
男，名牌大学博士毕业的；有多金男，但是离异有孩子的；有
花样男，青春阳光的；有背景男，亲爹是局长的；有奴隶男，
对她百依百顺的。

　　肖敏的老公刘萧声前年年底和自己的同学开了一家科技
公司，他的实验已经成功，并且申请了国家专利，他的同学找
到的投资工厂已经投产。到了今年年初的时候，效益已经初
显，按照预期的目标，刘萧声他们今年会获得纯利润200万以
上，以后随着投入的增加，利润会翻番增长。看到肖敏脸上灿
烂的笑容，田静暗暗叹气。肖敏并没有忽略朋友的婚姻大事，
曾经亲自去和一个与田静恋爱过的男人见面，因为肖敏和田静
说话聊天的时候，感觉出来，其实田静还是喜欢这个男人的。
结果，这个男人已经有了新的感情生活，送肖敏出来告别的时
候，那个男人对肖敏说，我知道你是为了田静好才来的，我跟
你说点真心话，我就敢打赌，她田静和谁也好不成，谁要是跟
她结婚了，那才是傻瓜呢。

　　肖敏问为什么呢？她人很好的，又漂亮。那个男人不以为
然地说，我不否定你说的话，不然，当初我干嘛找她，喜欢她
呢。但是，这个女人太冷漠了，太功利了，我就觉得，她一点

都不爱男人，她只爱她自己。肖敏听了，辩解道，她怎么不爱男人呢，不爱男人，还和你们恋爱？那个男人回答说，是的，她找男人，找的不是男人本身，找的是男人给她带来的效益，或者名或者利，男人是谁，根本不重要。

肖敏后来找机会和田静谈了一次。当然她无法把那天那个男人说的全盘说出来，那样会伤害田静的自尊心的。但是，敏感的田静还是哭了，她委屈地说，这些男人最自私了，凭什么我就爱他们，他们给我什么好处了，我就爱他们？

同样是两个不看重外貌，不在意花言巧语的女孩，虽然潜意识看重的都是男人的名利、身份、价值标准，结局却如此不同。为什么呢？

下面我们来解析一下。

肖敏其实认定刘萧声是一只潜力股。虽然他们相识相爱的过程中，未来的刘萧声会是一个平凡普通的男人，还是一个有发展空间的成功男人，肖敏并没有多少把握，但是，肖敏的内心坚定执着之处，就是对来自农村的苦孩子刘萧声那种努力刻苦、进取向上的精神的肯定，这种笃定使她在他身上找到了和自己一致共性的东西，促成了与她的个人出身、身体条件、家庭状态、成长环境、教育程度、性情禀赋等因素之间的有机联系，于是，生活上关心，事业上帮助，成就了一对美满的婚姻组合。

　　而田静自己，虽然觉得自己不看重对方外貌，不喜欢对方花言巧语，并且觉得喜欢这些的女人就是浅薄和虚荣的，但是她在和男人交往的过程中，却并没有好好把握时机而错失情缘。

　　她曾经非常欣赏那个有学历的博士男，也有心投怀送抱。但是那个男人和她交往一段时间后，发现她依赖性很强，对男人太黏，这个博士男满心想的是事业的崇高和伟大，并不在意和看重家庭生活，更不希望有小女人羁绊自己的身心。而田静丝毫没有意识到这一点，以为热烈的爱情是所有男人希冀的，其实反而不如若即若离，让这个男人有空闲思考一下自己的将来，家庭和妻子应该摆在什么位置，从而再认真考虑她的存在，对她产生尊重和信任。

　　她曾经非常想成为那个多金男的妻子，虽然他有个7岁的男孩子。她一边想和他交往下去，一边暗自觉得自己有点委屈，那个男人曾经结婚生子，比自己还大9岁，自己是不是有点吃亏呀。这么想的结果，就是对男人的抱怨和物质索求。田静觉得，两个人是不平等的，只有物质的满足才能弥补她不平衡的心，而且，男人自己也应该明白。但是，没多久，这个男人开始对田静淡漠，疏远，直至离开。后来，田静对肖敏有些后悔地埋怨自己说，我就是太着急了，因为我不能克制自己，我真傻，其实，如果和他结了婚，我还用费那劲干嘛，什么不

都是我的呀。

　　前面我们所说的，女人识别男人，依据的是她的心态和习惯，并且预示着这个女人的天赋和潜能。很显然，肖敏依据自己的心态和习惯，天赋和潜能，在识别刘萧声的时候，做出了准确的判断。而田静的感情挫折，无疑证明她在识别男人的问题上，无论心态还是潜能都是有欠妥和缺失的。

2 男人面前，女人不必弱化自己的智商

　　首先给女人识别男人这个概念做个辩解。在这里我们斗胆用了"阅人无数"这个听起来很叫人产生微妙想法的词汇，阅人无数绝对不是一个恶劣的概念，和任何品质败坏的道德行为无关，仅仅是我们人类一种思维习惯的释解。女人千万不要因此色变，以为这是个坏词汇，放在女人身上，更是令人惊悚和不安。

　　新世纪的今天，再抱残守缺，以为任何一种看似逾越雷池或者耸人听闻的说法就是大逆不道，不仅愚昧而且滑稽，不是所有偏离传统道德和价值的异端，均没有值得提倡的东西存在，时代在进步，对特立独行标新立异的欣赏和接受以及推崇，是真正意义上时尚概念的表达，标志着我们社会的文明程度正在提高和进步。

　　再说到思维习惯，也并不含贬义。所谓习惯的定义是，
有过很多次重复就算习惯。人有了思维习惯，才会产生行为习
惯。一个女人的思维习惯来自于她的内心信念，就是她把男人
放在什么样的位置。

　　我们说，当女人把男人的位置与自己等同并存，即她把自
己的内心与男人的位置等同，而且她的心之所想，与外在表现
和谐一致的时候，她的言行，思想，行动，习惯，命运，都做
到了高度一致的时候，她就拥有了能够识别眼前男人的前提。

　　可以想象的出来，一个能够识别男人的女人，当命运中遭
遇一个她一见倾心的男人，假如那个男人同样对她一见钟情的
话，因为心与心的平等，彼此心界一瞬间便会荡然无存，爱的
火花一定会在瞬间燃烧成烈火的。而且，对于他们双方来说，
这是一个非常简单自然的事情。尽管对别人来说，这就是个惊
天动地的非常事件，简直不可思议。

　　我有一个性情木讷行为传统的女友，曾经给我讲起一个发
生在她身边真实的故事，缘于她的正派，她是带着非常谴责的
口气诉说的。

　　她和她的一个女同学，一个她一直认为同样很正派，但却
恰逢婚姻触礁的女同学，一起去看她身为鳏夫的老师。她的故
事一开头，我就敏感地意识到了发生了什么。果然，一个是从
前她始终认为特别老实温驯的女孩，一个是她多少年一直非常

尊重信任的老师，却在忽然的相遇的瞬间，两个人的情形都变了。是什么改变了呢？

我的女友说不清。我就记住她反复说的一句话可以用来解释当时的情景，她用有些气急败坏的口吻不停地说，当时就好像没我这个人了。

为了安慰和劝慰她的情绪，我开始有意化解她的郁愤。我再次问她，你所说的两个人的情形都变了，是什么变了呢？

她支吾着，回忆着。

我问，你是说两个人脸上的神情都变了吗？

她一听，连连点头，说，对对，就是这个感觉。接下来她的话变得滔滔不绝。她说，是的，她的老师因为生活际遇不好，已经好几年没有笑过了，脸都皱一块去了。每次老师见了他们，几乎没有几句话说，大家每次见他气氛都很沉闷。"我奇怪极了这次他是怎么啦？"女友说道。最重要的，她还说了一句很关键的话，是用来蔑视她的女同学的，我听来却很有意义。她说，我的女同学更怪，我发现她的眼神都变了，说话声都不一样了，我简直不认识她了。

我故意逼问她，女同学怎么啦？

我的女友很难为情，很难出口，嗫嚅了半晌，终于吐出一句话，她当然觉得这不是一句好听的话，她说："我从没有想到，她竟然是一个风流的女人。"

你的老师呢，他怎么样？我故意叫她说下去。

女友羞愧地说，我一点没想到我的老师竟然突然变成了一
个坏男人，简直像个流氓。

我当时差点笑喷。

在这里，我们不去讨论任何人的道德观问题。我们只注重
思维和行为的连贯性。在这里说一下我的木讷女友，她是个头
脑单纯思维简单的女人，有幸福的家庭和爱她的丈夫，内心非
常传统，恪守道德、相夫教子、勤俭持家，就是她人生全部的
内容。对于她而言，是无从想过那些与她生活境遇完全不一样
的男女们所思所想的。而对于那一对各自独居的男女，对异性
的极度渴求，已经成了常规的心态和思维的习惯，他们看见的
彼此，就是彼此需要的彼此，他们的表现却叫我的木讷女友震
惊。对于我的木讷女友来说，她缺欠的智力和情商，使她失去
对事物的观察力和分析力，失去提高心智的可能，决定她完全
无从知晓半点这件事情的原因究竟。由于她缺乏换位和移情的
态度和能力，对这个事物的判断就出现了理性的偏颇。其实，
没有比一个这样的故事再能解释所谓男女相悦一见钟情的了，
就这么简单，两个单身男女，不关乎道德，不伤害任何人，合
乎人情，合乎情理，按照简单的人情世故，我们应该恭喜有缘
千里来相会才对。

杜陵兰是个外表热情活泼可爱的女人，林清却不然，性

格内向疏于表达。两个人都在事业单位工作，都是单亲母亲身份，杜陵兰34岁，林清37岁。有一次我的朋友偶然认识了这俩单身女人，因为拿不定主意哪一个更适合，索性干脆想给他自己单身的男同事一同介绍认识。事先并没有说明这场饭局就是一次相亲，所以几个人热热闹闹的围坐在了一起。正是盛夏的天气，非常炎热，那位有相亲任务的朋友的男同事因为心里有事，已经略显紧张，老是发呆和愣神，也试图说点什么幽默的话调节气氛，但是并没有什么效果，反而显出他的局促不安。

　　我很快发觉了单身女人都有的敏感，因为那男人的突出表现，杜陵兰和林清都隐隐察觉这场饭局的不同寻常。我也就是从那次和单身母亲的接触，感受到了，她们内心深处对男人的渴望，对建立一个新的美满家庭的渴望。这种渴望，我先是从性格大方的杜陵兰身上发觉的，从她整个晚上没有从男人身上挪开的眼神，和她的嘴上从始至终围绕桌上男人的话题这些细节发现的，她几乎无暇无心关注身边的女人。而与杜陵兰的极度关注男人不同的表现是，腼腆的林清整个晚上，情绪处于焦虑紧张不安状态，神思游离，显然始终未能叫自己的思绪进入大家谈话的内容里面去，一直貌合神离神魂飘荡，还有一些不自觉的下意识动作，比如不停地摸自己的头发和脸颊等。我察觉了她的这些自己不自知的小动作，举止泄露了她的内心状态，实际是在掩饰自己的自卑，自卑引发了她的躁动心情。

我知道，敏感的女人察觉了饭局背后掩藏的秘密，并且处于另一个女人显而易见的主动和积极面前，要么自己的表现更强于和压过对方，但假如她没有这个勇气，或者胆怯于这种抗衡，这种隐隐的不安和妒忌就使她的情绪受到破坏。很快，快言快语的杜陵兰掌握了说话的主动权，谈笑风生间与那个单身男人迅速消除了尴尬和忐忑，两个人该说的都说了，也都很好的表达了彼此的好感，还不停地互相敬酒，显得非常和谐和熟络起来。我暗暗自想，这真是一个好的开始，不管两个人离开酒席会不会再见面和约会，看来今天谈话的效果真是不错。但与兴奋的杜陵兰相比较，林清的态度却越来越生硬和叫人难以捉摸。那个单身男很客气地跟她敬酒，她傲慢地拒绝不说，甚至还说了很呛人不恭的话，那些话的没有礼貌程度，简直叫我们这些平素和她相熟的人都惊诧不已，更叫那个初次见面的男人很尴尬和难堪，再也不和她对视和说笑。我知道林清是个很有修养的女人，也是能喝一点酒的，观察到她不同以往的态度，很快我做出判断，这就是林清自己的表现方式。如果说杜陵兰采取的是咄咄逼人大胆直接的表达方式，是用热烈和激情征服心仪的男人。林清则恰恰相反，采取的方式则是以退为进诱敌深入，是在用拒绝和抗拒吸引男人的注意。原来两个女人都在以自己的方式表现：一个是主动出击，一个是被动诱引。

讲这个故事，不是为了分析女人用哪种方式吸引男人更加

有效，我们还是要说女人识别男人，相当于内心与男人的位置等同的话题。杜陵兰身心放松地和那个单身男畅快交流，自己也做到了淋漓的表达，就是她自己把自己的内心，放在了与那个单身男一样高的位置，所以做到了平等的交流和沟通。

而林清却没有做到，虽然她使用了一点技巧，一点小伎俩，以吸引男人的注意，也许处于交往中的情侣关系的某些阶段，这样的手段会奏效，但是，做为单身男女的初次谋面，无疑会因为女人的耍小性和矫情使男人在不完全了解你的情况下，在彼此关系完全没有任何感情色彩的前提下，男人会错误地判断你属于做作和虚荣的那种女人，对你敬而远之。而林清自己，其实是犯了主观认识的错误，有点唯我的顾影自怜，更是因为无意间把男人的位置抬高了的缘故，身不由己把自己放在了应该怜惜的弱者位置，在希求男人因此而怜香惜玉的同时，弱化了自己的真正智商，遗憾地错失了对男人冷静判断和平等对话的机会。

3 女人最可怕的天性是善变和孤高自傲

　　你听到过一些男人在感情失落的时候，感叹说这个世界上，最难以捉摸的就是女人吗？是的，我听到过。我还听到过失恋的男人哀叹女人是最善变无常的，莫名其妙的，没有理由的。

　　站在女人的角度，我把男人的话诠释成另外的意义，从这个意义上讲，更能解释为女人是天生感性的，时刻有着微妙情绪变化的情感动物。女人对男人的认识和判断，从细节到行为，细致入微，进而促发她内心的感受。男人需要明白的是，在一个女人的身上所发生的任何行为，都有动机存在。而动机的产生，是因为这个女人已经先有了主观的意识。而主观意识的出现，是因为她的内心出现了某种状况。

　　通常来讲，有两种状况，要么是得到的诱惑，要么是失去的恐慌。这两种状况，就足以成为能够改变女人行为习惯的动力。

我们常常会在一些女人身上，发现不符合她一贯习惯的突然的、莫名的状况出现，不可理喻或者不可思议，突破我们对她一贯的看法，令我们百思不得其解。

我读大学的时候，一个女同学身上发生的故事可以佐证这个观点。

这个女同学姓闫，她的恋人比她高两年级，先毕业离开了学校。两个恋人在学校的时候，非常相爱，一对神仙情侣很叫众人羡慕。两个恋人分别以后，男友在老家因为寻找工作单位遇见几次坎坷，遭受了打击，心灰意冷满目凄凉的情况下，渐渐疏离了还在他乡大学读书的女友。而恰在此时，处于与恋人分别后极度思念和焦虑状态下的小闫，因为男友的突然隔绝和冷漠也对远在异地的男友产生了误会。大概是担心男友已经变心，小闫处在慌乱不安以及怨恨不满的情绪支配下，因为已经渐渐认定男友已经背弃了自己，在这种恐慌的心态下，决定先给男友写封断交信。其实，想斩断情丝不是她的真实目的，诉说委屈，发泄怨艾，试探对方意图，才是她的真实目的。

男友接到这封断交信，没有理解小闫的真实意图，本来自己就处于焦头烂额状态，女友的背离如同雪上加霜，他以为女友真的要和他断交，曾经的坚定顿时化为乌有，于是，就真的从此和这个女友彻底断绝了联系。当然，还有一个他自己身后

的诱因存在，也成为促使他与小闫断交的动力，一个他父母单位领导的女儿的主动示好，并且，女孩不仅漂亮，她的有地位的父母无疑会帮助他未来的事业。于是从前的女友因为害怕失去的恐慌，却造成把他推向了一个对他充满诱惑的女孩怀中。

可以想象得出我的女同学小闫所遭受的打击有多大，好长一段时间，她的精神恍惚，几乎崩溃。我们几个和她要好的同学，曾经试图帮她寻找回来这份失落的爱情，还给那位男友写了信，告诉他小闫的糟糕状态。可是，那个男人从没有回信给我们，也没有任何片言只语给她。我们知道，小闫一直在等待奇迹的出现，比如哪一天，那个男人会突然出现在我们的寝室门口，但是，奇迹没有出现。小闫后来表面上似乎淡漠了这段感情，接下去的一年多时间里，我们全宿舍的人出于保护她的目的，不约而同地谁也不提那个男人的名字。但是，在这位女同学身上，却出现了另外叫我们瞠目的状态，渐渐地，小闫完全变成了另外一个人，说话尖酸刻薄甚至恶毒，对任何人充满攻击性，老是和周围的人为了一点小事起冲突。有一次，她因为往宿舍的窗户外晒衣服，把水洒在别人放在桌上的饭里，同学埋怨了她一句，她突然歇斯底里地发作起来，她自己竟然往事重提，说那年我们给她男友写信，就是用心险恶故意拆散他们，故意告密她另外一件情事，还说纯粹是因为我们大伙嫉妒她。我们大家都懵了，不知道说什么好。接着，她换了一副面孔，傲慢地对我们说，是我先跟他吹的，是我把他甩了，我根本不想要的东西，你们还想捡回来，真可笑。之外的话我早就忘记了，反正她的意思我们大家都明白了，就是她没被抛弃，被抛弃的反而是她的男朋友。

过了将近两年的事情，她突然爆发一样喊出来，可见两年里她内心的压抑程度之深，她的自尊心受损程度之大。我们除了感叹，什么话都说不出来了。毕业以后很多年同学聚会，她没来。遇见她的同乡同学，问及她的近况，同学笑，说跟我们在一起还是老样子，跟别人在一起啥样子我们就不知道了。我们听出来他的话里有话，细打听，那同学叹气说，还是那脾气，爱挑剔，尖刻，不讨人喜欢，动不动就爱说她原来那男朋友的事情，老是四处讲她怎么把人家甩了的套路。

我的心一紧，天呀，难道这场伤害要延续她一生吗。

有一个经典的故事：

一个智者把三个胆量不同的人领到了山涧的旁边，跟他们说：谁能够跳过这个山涧，我承认谁的胆子大。第一大胆的人跳了过去，得到了智者的赞赏。其他两个人不跳，这时智者拿出一块金子，说谁能够跳过去我承认谁胆子大，同时金子也归他所有，第二个大胆的人跳了过去。第三个人还是不跳，这时此人身后出现了一头狮子，他知道如果不跳生命即将结束，一用力也跳了过来，这三个人都跳过来，但使他们能够跳过来的

这个行为发生的动力不同。行为发生了，是因为诱因足够了，行为没发生，是因为恐惧不够。如果一种习惯改变了，是因为诱因足够了，如果一种习惯没有改变，是因为恐惧不足。

李霞原来有个不错的工作，但是因为她任性霸道唯我独尊的脾气和同事关系闹得很僵，以致到了难以维系共同工作局面的地步，成了办公室公敌的她，无奈之下不得不考虑重新选择职业。要知道这并不是李霞的本意，这份工作薪水高，还受人尊重，弃之实在可惜。本性非常要强的李霞在一个偶然机会，在一个饭局上认识了一个男人，那个男人吹嘘他的公司虽然刚刚创业但以后会要上市云云，还假做殷勤对李霞献媚，装作求贤若渴的样子，还当场承诺给李霞很高的薪水和公司相当于副总的位置以及丰厚的福利待遇。其实李霞是个很世故很有社会经验的女人，她对这个男人的话半信半疑，虽然她觉得自己正处于被排挤的尴尬境遇下，心底里也怀有一些对这个男人信任欣赏的的感激之情，但是如何选择很叫她为难。

最终，那个男人重用自己这个承诺的诱因，以及她害怕失去以前舒适生活的恐惧，叫她朝这个她也怀疑的男人靠近了一步，其实这是无奈的、被迫的选择，李霞也已经暗地里调查了这个公司，没有多少注册资金，未来的前景也很渺茫。按照李霞一贯的行为习惯，不笃定的事情她绝对不会轻易出手的，但是这一次，她轻易地决定了，因为她期盼那个男人的话都是真

话，更担心自己失去原来那份工作以后，生活没有着落。李霞
到了这个公司不久，就发现这个公司的现状跟那个男人说的完
全不符，这个公司就几乎没有正经业务，这个男人正深陷官司
之中，别说福利待遇，连按月发工资都难以为继。李霞为了自
己的利益和那个当初许诺的男人几次冲突，没有任何结果。李
霞终于看清，自己在这个男人面前的卑微和无足轻重，感情上
受到打击，对这男人从依赖到隔膜，从暧昧到怨恨，从期望到
绝望。接下来，在李霞身上发生的，正好佐证所谓依靠感激产
生的忠诚是难以维系的这句箴言。

为了生存，李霞开始绞尽脑汁算计公司，试图挽回自己的
损失。她挑拨同事关系，给上司拆台，出卖公司机密，那个男
人知道一切真相以后，盛怒下找到李霞叱问。为了保护自己，
惊恐慌乱的李霞竟然脱口谎称是另外一个副总，一个和这个男
人有过冲突的人指使自己这么做的，意思是自己其实对眼前这
个男人是忠诚的。当然，到了最后，出卖和诬陷也没有挽救她
被开除的命运。

这个章节里，我们的案例提到了小闫和李霞的故事。虽然
我们侧重讲述的是女人令人感慨的遭遇和命运，但是，究其根
源，还是女人对男人的认识和判断，在她内心发生了改变，内心
出现了某种新的状况，这些状况就成为改变女人行为的动机。

小闫尽管和男友有那么甜蜜的校园恋情，但是男友却经

受不住现实残酷的打击，在世俗的诱惑和脆弱的心态驱使下，背弃了小闫。在校园少女小闫的精神世界里，无论如何，她是弄不明白，男友的这种变化和差异来自何处，百思不得其解，极度的悔恨和自责，终于叫她的心态扭曲，不断出现幻觉，甚至为了宽慰自己失落的心，把分手的主动强加和承揽在自己身上，以驱散内心的巨大痛楚。也许，这样的方式真的减轻了她的心理负荷，不然，她怎么会这样子的讲述下去很多年呢。

当然，这样的讲述未止，说明小闫仍然没有从那场厄运里脱身出来。还在自责的小闫还没有成熟起来，她难道不应该重新审定自己对那个男人的认识的缺憾吗，她应该重新识别那个男人，他对你的爱会是坚定的吗，他那个人，性格的弱点你又了解多少呢，而你自己，在这场感情事件里，又本来应该承担什么样的责任呢，当那个男人遇见挫折，你给他增添的是无限的支持，还是无尽的烦恼呢？想明白了，释然了，不过是人生一段提升心智的阅历而已，也就根本无所谓烦恼，不必再絮絮叨叨，下一次感情谨以为戒不再犯同样的错误就行了。

李霞对男人认识判断的失误，却来自她一贯自以为是、张狂膨胀的性格。说到底，过于自视甚高是造成这一场悲剧的发生的根本原因。李霞认定，虽然那个男人有点莫测高深，但是凭自己的手段和女人的魅力，一定能够征服这个男人，叫他臣服在自己的石榴裙下，听候呵斥。她曾经梦想，征服了这个男人，然后就掌控这个公司成为自己的所有。甚至，她已经狂妄到了四处吹嘘自己名下多少财产拥有名车别墅的地步。

　　但是，李霞完全没有想到的是，对这个男人的认识和判断，她是完全错误的。这个男人非常虚伪狡猾，是个典型的鸡贼男，悭吝狡诈，他当初认识李霞的时候，立刻认识到这个女人能干精明，是个做生意的好手，确实有心利用李霞为自己赚钱出力。所以他故意掩饰自己公司虚弱不堪的真实情况，看透李霞的虚荣心后，就以公司未来上市的宏伟前景蒙骗李霞，又以高薪待遇诱使李霞上钩。这个男人还有很高超的一个手段，就是非常善于掌控女人在意男人看中这种心态来欺骗女人，因为这个男人很了解女人，他知道任何看似强悍的女人最终都会败在看重男人情分这根软肋上，所以，他一贯的对付女人的伎俩，就是叫女人误以为眼前的男人对自己情有独钟，甘愿跟着这种暧昧的感觉，被他牵着鼻子走。其实，叫精明的李霞中计的就是这一招。等公司萧条到了难以为继的地步，这个男人的真面目也就暴露出来了，当然当一切真相大白，李霞悔之晚矣，看清了这个男人的真面目的同时，她也因为报复失去了自己眼前的一切。

4 用聪慧明白的心
洞察男人是种快乐

首先明白做为女人的自己，拥有怎样优秀的特质，长处优势是什么，短处劣势在哪里。把握自己已经拥有的，不奢望不属于和得不到的。

女人天生在乎自己的容貌，希望自己不仅美丽而且可爱，但是我们大多数女人，仅仅是相貌平常而已，不过我们也能够尽可能地做到可爱。在男人眼里，一个女人的可爱，包涵了善解人意、通情达理、随意平和、达观包容等普通的共识之外，更有个体性格的魅力，比如活泼的性情，动听的话语，迷人的笑容等种种因素，虽然无一而论，但殊途同归的是，"女人因为可爱才美丽"。

女人要是因为可爱才美丽呢，就尽可能地走可爱下去的路子，一定会得到男人的赏识，如此明明白白地走下去，就会越来越美丽。实际

上，相貌平平并不可怕，而不美丽，却觉得自己美丽，并且以为自己因为美丽才可爱，那才真的麻烦大了。这样的女人与男人打起交道来，肯定会不仅滑稽还会越来越糟糕，最终会因为得不到自己希望得到的反馈，而无从自己找到准确真实的答案。

所以，最重要的前提是女人了解自己，认识自己，敢于认清自己的真实面目。准确认知男人，也必须有这样的真实的内心状态做前提。

我有一个女友，人不算漂亮，但是性格活泼，善解人意，谈吐风趣，我们发现每次大家聚会，虽然她不是场上女人中最美的，但总会是大家眼里最有魅力的，尤其是男人，会在最短时间内和她沟通交流没有障碍。别的女人都很羡慕她的男人缘，开玩笑说她善于给男人下迷魂药。她对我们说，其实男女交往很简单，就是你真诚他就真诚，你虚假他也就会虚假，男女之间的感觉是微妙的，当那个男人感觉到你不是虚情假意的女人，并且有足够的智商对人对事的时候，他何必不把自己真实坦白的一面给你，留个好印象呢。如此说来，男人的坦诚，也是对女人智商的尊重。

但即使女人做到了清醒地认识了自己，做到清醒地识别男人，思考的障碍依然存在。多少年来，传统思想灌输给女人的，是三从四德式的教育法则，即使到了新世纪的今天，要做到像男人一样思考，一样的行动，一样的行为处事，依然如同有大山横亘在面前一样难以逾越。要让女人有思想，有智慧，有勇气和男人并肩齐步，在今天这个现实社会里，确实会教多数人摇头。

我们报社北京公司的驻地不远处不久前搭起来一个水果摊，于是我不再绕道去超市，开始去那里买水果。看到卖水果的男女就住在简陋的棚子里，冬天就快到了，四面透风，难以想象寒冬将怎样熬过去。和女摊主熟悉了。我把我的忧虑告诉了她。她看上去表情没什么改变，还浅笑着。我更是疑惑她怎么想的。后来我再次问她打算怎么过冬，提议她不如就近找个民居楼房先租个地下室，把冬天度过去再说。女摊主看出我出于真心而非好奇，很平静地对我说，这样的条件她挺满意的。她看了一眼那个遮风避雨的破棚子一眼，接着说，已经不错了，有个住的地方，比在老家强多了。我问，老家很穷吗？她点头。我的执拗劲上来了，我对她说，老家是河南农村吗，农村现在不是好多了，还有地种，在自己家多舒服呀，出来受罪为啥呀？女摊主停顿了一下，看着我的脸。她指着在一旁搬箱子的男人说，那不是我男人。我突然醒悟了，可是我一下也说不出话来。女摊主却比我平静得多，她压低了一点声音接着说，我以前的男人对我不好，打我，我就跟着他跑出来了。我心里一惊，但很快假装见怪不怪接受了这个事实，并没有看那个男人，而是依然对着她，我说，你以前就认识他？他对你好呀。

　　女摊主简单地回答了一声，嗯。我还是觉得她的回答过于简单，继续问她："他对你好吗，怎么个好呀？"我看了一眼破烂的棚子，然后拿眼望着她，等她回答。女摊主见我不停地问，只好坦白地回答我说："跟他出来的时候，也不知道他对我会好会坏。"我就对眼前这个女人的回答感到奇怪了，我说："你都不知道他会对你好还是不好，你就敢跟着他跑出来，你是怎么想的呀？"女摊主听了我的话，脸上现出疑惑的表情，似乎听不懂一样，两眼也现出茫然，也不再说话了。我有些担心我的话过于直接，怕触动了人家心怯的地方，为了缓和气氛，我就问她，家里有孩子呢吧。这么一问，女摊主的头低下了，眼睛也埋下了，似乎这样的态度就是肯定了的答复了。我叹了一口气，不再问下去了，心想，女人真是不容易，自己跑出来，家里还有孩子呢，多苦的心情呀。

　　离开那个水果摊，我的脑海一直回响着女摊主和我说的话：跟他出来的时候，也不知道他对我会好会坏。那么就是说，这个女人跟他私奔出来，从遥远的河南到北京，就是冒险，或者是自己跟自己在下一个幸福或者不幸福的赌注？那么幸福与否，全靠那个男人的良心和德行了吗，女人完全是无助的，是被动的，是由着命运的摆布的，男人这条船，能把她载向哪里就是哪里了。我在想，这个女人其实还是勇敢的农村女人，看上去也就34岁左右的年纪，敢逃离家暴的丈夫，跟着一个自己不甚了解的男人走向不可知的远方，动机竟然并不是和这个男人多么的了解和相知。

也许，用没有文化解释她的行为，或者用冲动来解释都太苍白和不靠谱。最关键的是应该关注结局，不要忘记，她很满意自己的现状就已经说明了一切，这已经足够了。

女摊主的故事，也就仅仅用来说明，即使是做为一个敢于冲破家庭藩篱的女人，依然逃不过传统意义上被动依存于男人生活的态度。我们会情不自禁地替她想到，假如这个男人再对她不好，她又该怎么办。

这仅仅是个不代表大多数女人选择的个例。毕竟，这个女摊主的文化程度非常有限。但她还是提醒了我们。

反过来，对于大多数受过教育的女人来讲，叫女人建立起来识别男人的习惯，其实最关键的环节就是从改变女人多少年不变的惯性思维开始，而改变的难度也就在此。

我们所处的社会，毋庸讳言是男性为主导的社会，女人居于从属和附庸的位置。这样的社会结构，造成女人的被动思考模式，似乎女人天生就是为男人服务，被男人选择的。

虽然我不是女权主义者，但我认为，我们的社会，女人从出生，其实拥有相对平等的，和男人一样的教育机会，就业机会，这样的教育机会，使我们女人从智商到情商，不比男人差多少，甚至在某些领域，我们更胜一筹。我们因为教育，知

识，有了对人生的认识，有了人生的追求，有了奋斗的目标。我们有了影响社会的能力，这就是我们的资源，资源一旦聚拢，就能改变这个社会。

所以，任何女人不应该忽略自己做为女人已经具有的优势。我们首先要有这样的觉醒和决心，就是我们和任何男人处于平等的位置，是很平常的朋友，因为是平常的朋友，就可以以最平常的心态看待对方。

有了这样的心态之后，再看见任何一个男人，你就有了不那么忐忑的心情，可以去观察他和了解他。

你不能每次观察和了解都无疾而终。你必须学会给这个男人下结论。尽管你对你的结论没有什么信心，但是，这个结果，仍然是对你自己观察和了解男人的一次鼓励。

坚持下去，不能停止。习惯就是一个不断重复的过程。

渐渐的，你会在观察和了解中提高自己的眼力和辨识能力，其实你在不断地纠正偏颇，然后，因为发现你自己的精彩，你会给自己更好的评价，你因此的得意，会更使你坚定自己的赏识和鉴别能力，从而不断提升。

同样，不要因为错误判断男人，就对自己过于自责，要不断暗示自己，我看错了他，仅仅是因为我还年轻，还没有阅历。

夏鸿在南京大学读书，临近大四的时候，在舞会上认识了同一个学校的男生宋少华。舞会上热烈喧闹的气氛里，两个人偶然在一起跳了一场舞，寂寞的男女突然找到了相熟的感觉，虽然他们来自不同的省份。两个人相爱没多久，就面临了毕业去向的选择问题。夏鸿来自安徽，家境还好，很想回家乡找工作。而宋少华来自河北。几经犹豫，经不住宋少华的信誓旦旦的保证，夏鸿终于还是有点不太情愿地跟着宋少华来到了河北，想一起创业谋生。

等到了河北，夏鸿才知道来自农村的宋少华的家境非常贫寒，两个人无论成家还是立业，根本不可能得到他的家庭的任何资助。无奈和失望中，夏鸿跟着宋少华来到省会石家庄寻找机会。将近三年的时间里夏鸿考了三次公务员，均未能考取，期间辗转在几家公司工作，做过业务推销员，开过小书店，夜市卖过鞋，还拉过保险。而宋少华算是幸运的，一直在一家私营的药厂从车间普通员工做到了办公室职员，不久前又被提升为市场调研部副主任，还算一路畅通，收入也越来越好。

故事讲到这里，大概读者以为两个相爱的男女经历了共同的艰辛，应该水到渠成建立美满的家庭了。可是，事与愿违，不幸的遭遇一件件降临在夏鸿身上。夏鸿自从到了河北以后，由于对现实太过失望，遭遇磨难太多，内心一直郁闷，无奈之下就迁怒于宋少华，总是和宋少华生气吵架。而忙于自己事业的宋少华也渐渐从敷衍到厌倦最后到疏远，对夏鸿的感情也越来越淡漠。

　　伤心痛苦的夏鸿结果就患上了甲状腺亢进的疾病。得病以后，宋少华跟夏鸿的关系缓和了一些，夏鸿孤寂的心情稍微得到了一些抚慰。养病期间经过男友的劝慰，夏鸿的心情也平静了很多，也明白了对宋少华也该理解和支持。不久，夏鸿得知自己怀孕了，正打算告诉宋少华这个好消息，然后把想结婚的话说出来的时候，意外得知，在自己住院期间，宋少华已经和一个公司的女同事同居了。还没等夏鸿质问，宋少华就主动坦白了自己所做的一切，他坦然地对夏鸿说，其实他早就对夏鸿没有感情了，并且和这个女孩已经好了两年多了。夏鸿震惊得说不出话来，要知道，他们好了两年多，意味着什么呢？意味着从她跟着他来到河北不久，他的心就已经不在她的身上了。夏鸿痛哭失声，她问宋少华，既然早就不爱自己了，为什么不告诉她，放她回安徽老家，还叫她在这里为了一个不爱自己的男人受罪？宋少华回答说，起初我是为了不伤害你，不敢告诉你，想等有合适的时机再慢慢解释给你听，后来你又得了病，我更不好意思说出口了。现在，我之所以不得不提出分手，也是迫不得已，我的女友怀孕了，提出要和我结婚。

　　夏鸿听了，简直恨不得扑过去打这个背信弃义的男人。不等她的手伸出来，宋少华攥住了她的手，对她说了如下无耻的话：我知道我说出来，你会多么恨我，无论你怎么惩罚我我都接受，我已经伤害了你，我不能再伤害另一个女人了，她已经有了我的孩子。

望着眼前这个振振有词、心冷如刀、绝情寡义的男人，夏鸿的心一瞬间冷到了冰点，感觉眼前犹如站着一个陌生人，为了这个陌生人，她曾经千里迢迢不顾父母的牵挂思念，以身相许地跟随他，为了他几经坎坷受尽委屈，如今身怀有孕，梦想着和他一起回家筹办婚事，却没想到，原来一切都是空幻的美梦。

一些了解夏鸿的人都曾经担心夏鸿能不能熬过这一段感情上的磨难，非常替她担心，一直都在默默关注和关怀她。夏鸿离开宋少华以后，并没有离开河北回安徽，而是继续留在保险公司工作。对上一段感情经历的反思，也使得夏鸿认识到自己在感情生活中的不足和缺失，自己的单纯和天真，叫她轻易选择了这个男人，而她的任性和偏执也是造成宋少华远离背弃的原因之一。她曾经无知而盲目地以为，不管她怎么样对待宋少华，他都不可能离开自己，仿佛世界上就只有她夏鸿一个女人。渐渐地，释怀了的夏鸿总结了自己爱情失败的教训，那就是，女人，你一定要学会阅人，尤其是用聪明和智慧识别男人。

是的，在识别男人的过程中，我们的脑海里，会出现很多的判断性语言。我们要切记，我们仅仅是在观察和判断，也许我们看到的真的仅仅是表面的现象，可能与真正的事实完全相悖，比如夏鸿之识别宋少华。所以，我们要灵活和渐进，不能僵化和顽固。而且，我们非常有可能，因为自己的主观意愿去判断了，

而失之偏颇，从而影响了我们对男人的更深层次的认识。

这样的时候，我们要告诉自己，不要紧张，要放松，内心舒缓以后，我们试着问自己，为什么呢，为什么我的主观判断会有失误呢？基于什么样的原因呢？发现了原因，我们无疑又提升了自己的智力。

夏鸿现在已经有了非常幸福的家庭，并且在保险公司做到了分公司经理的位置，她工作出色、业绩突出、收入可观，外表看上去依然年轻美丽，曾经的感情创伤并没有留下痕迹，如今她与男人坐在一起，大方得体温婉可人，巧笑美目顾盼生辉，自信的夏鸿从内心到外表洋溢着充实而干练的职场女性魅力，为外人敬慕。

也许很少有人主动发现这个奥秘，那就是用一颗聪慧明白的女人心洞察男人，这样的心理活动，会叫我们自己非常的愉快和轻松。心情的愉悦叫女人找到了自信，并且也发现了自己智慧的存在，也许以前我们真的从没有察觉到。

任何叫你快乐的行为，自然都应该坚持下去，女人可以因此而乐此不疲。

5 谁是那个会出手 相助的男人

　　如果在一个很多朋友相聚的公开场合，其中一个女人被大家开玩笑说她阅人无数，在场的你听了，会是什么样的感受呢？

　　我觉得，多数女人会想，这个女人大概是一个很了解男人的女人，对男人有认知力判断力的女人，是个不同寻常的有城府的女人。那么男人又会怎么想呢，对于被别人这么戏谑的女人，或许他们觉得这个女人和他们男人的思想有一致共通的东西，所以打开芥蒂，相互沟通更通畅和简单。当然，叫女人或者男人有另外比较坏的联想的可能，也不能排除在外，毕竟我们被传统的价值观影响很深。

　　我第一次听见有女人被人家这样说的，是一个叫白亚红的女人。

　　我猜想你会和大多数人一样，一定好奇地

打量和观察她的貌相，观察她的眼睛，想看看所谓阅人无数的这个女人与普通女人在外貌上有何不同。

于是我看见了她的两种状态，与男人谈话时候目光的专注，还有思维进入思想领域的凝神。前者表明她在观察，后者表明她在判断。当然，听到"阅人"，就会把女人和男人的暧昧关系牵连在一起的认识，也许不会是在少数，但仅仅停留在"阅"这一个字眼上的引申，无疑是狭隘和浅显的。

这种好奇代表了什么呢？

在这种公开欢乐场合，大家会觉得这是一个不带褒贬的话语，肯定不认为说话的人怀有任何的敌意。但显然的，假如依从传统的道德伦理观，这自然不是一句好听的话。

这个曾经用在坏男人身上的专属词语，如今已经逐渐过渡到了中性的位置，特别是在公开场合，被大家颠覆了使用性别，戏谑地使用在女人身上，这也应该是一种社会文明进步的表现。

白亚红起初在一家企业的行政部门工作，虽然工作清闲没有压力，但是想干一番事业的她还是说服家人竞聘到企业下属的经营公司，担任总经理一职。这个经营公司的机构是松散挂靠性质的，人员组成也完全是社会招聘，所以人员素质良莠不齐。对于从大学毕业以后一直在行政党政部门工作十年的白亚红，和这些来历复杂的人打交道是最初也是最重要的一个难

题。那个公司的前任老总是因为经营上的分歧和集团总部发生冲突离职的，留下了一个混乱的摊子不说，还有几个跟他比较贴近的下属，有的明显对新来乍到年轻的白总不冷不热，更有虚情假意百般逢迎的，其实另藏祸心。

年轻的女总经理经历了一番如同重新进入社会，重新认识和观察社会，洞察和识别各色人等的磨练。在机关大楼工作的时候，环境相对平静，白亚红是一个认真严肃恪尽职守的机关女性形象，性格内敛谨慎，不苟言笑，很多人无法把她的形象重新定位成一个外表泼辣爽快的职业经理人，这其中的反差似乎很大。渐渐地，不能推托的应酬，与行内行外形形色色的人的接触，令聪慧的白亚红很快进入角色，并且融入其中，很多看见白亚红这些变化的人，都很敬佩她适应新环境的能力，挑起大拇指称赞她的高心智。

在一些商务场合，需要白亚红以干练智慧的女强人形象出现，与她合作的男人，需要从她外表的坚定果断，获取合作的信心和认可。白亚红深知这一点，除了得体的装束、优雅的举止之外，她格外注意用自己特有的女性的亲和以及智慧的信息，感染对方并且传导给男人，以获取信任和理解并且接受。在一些酒场上，白亚红也从最初的拘谨和无所适从，变得随和和巧妙应对。虽然如此，白亚红还是在与各色男人的交往中，深深体会到做为一个商场上的女人，拥有识别男人的能力，对自己个人品质意志的考验以及对事业的影响是多么重要。

白亚红接手这家公司不久，一个以前老总的得力下属就非常积极的靠近她，对公司的发展献计献策，表现的极为忠诚。虽然如此，白亚红因为他个人的背景以及与前任老总的牵系，不能迅速判断出这个男人的真实用心。观察了一段时间后，白亚红给自己的解释是，尽管他是前任老总的人，但是，以目前的处境，他只能对自己尽可能地做出尽心尽意的样子，这很自然，得到自己的信任是他最渴望的。而且自己非常需要这样一位助手的帮助，接受他，即表明自己不计前嫌的宽容和大度，更是等于间接破坏了有企图和自己作对的内部一些人的团结，在无形中化解了敌对的力量。具体到这个男人的身上，你要问她能够做到接受这个男人的这种感觉来自何处？白亚红说，我看到了他真诚的目光，忐忑的神情，犹豫的态度，我看见了他进退两难难以抉择的处境，我能理解他，知道这种感觉。

其实这个下属的心态确实非常复杂，一方面他内心深处抗拒新领导的到来，担心失去自己原有的利益，另一方面也希望重新获得接受和信任，维持住一贯的平衡。当然，任何人都有自尊心，假如无法获得信任和尊重，并且失去自己应该得到的利益，他也宁肯自己破坏掉这种平衡，放弃眼前的一切。看到白亚红不计前嫌、磊落大方、包容善厚的态度，他的心如释重负了，重新鼓起了工作的热情，这样又经历了几件事情，这

个下属的能力得到了白亚红的赞许，从此也就真的获得了她的信任，还成了她业务经营中的得力干将。我曾经见过这个经常和白亚红一起出席应酬活动的男人，也曾经听说过他的一些经历，我没想到这个男人不仅外表精明强干而且内心深藏不露，明显是一个对自己和别人都有很高要求和期望，并且有点理想主义的男人。我非常惊奇他对白亚红的崇拜和尊敬来自何处？我曾经观察到他很细腻地体察场合上和白亚红打交道的人的言行举止，悄悄地在别人不注意的时候提醒给白亚红。

一天酒席进行到一半的时候，这个男人就先行离开了，原来是回公司处理一些应急事情了。等这个男人一离开，女友们立刻喧哗起来，又羡慕又嫉妒，不约而同齐声挖苦白亚红如何把男人训练的如此服帖，是靠女人怎样的魅力征服了这个男人。白亚红却不想解其详，只是呵呵地笑着说："就靠一双色眼呀，色眼就是识别男人的呀。"

今天，越来越多的女人，和战斗在职场的男人一样拥有社会角色，要获取成功，很关键的因素，取决于女人自己，运用自己对男人判断识别的能力，能够推进辅助我们女人的生存能力就自然是一种情感智能。

女人识别男人的能力的运用，会影响到她的整个生活以及对未来的把握。因为拥有一双洞察男人的眼睛，女人就能够对自己的情感情绪，有较好的控制和把握，在与男人交往中，更有了很好的适应和调节能力。换句话说，女人自己清醒的了解自己的感受并运用自己的观察能力，敏感地感受和反馈男人的兴趣变化。洞察和识别叫女人成竹在胸，叫女人热情，大方，自控，机智，灵活，巧妙，在与男人的社交活动上拥有了这些心理品质的女人，就会操控自如。

做过服装的金鑫鑫打算在石家庄一个开辟不久的步行消闲街开一家酒吧，但是她积蓄不多。为了把这件事情做成，金鑫鑫开始核计自己熟悉的男人里谁能够资助投资或者联手合作。很快通过朋友介绍，一个年长金鑫鑫十几岁的地产商人穆总说愿意就此事的合作和金鑫鑫坐坐。为了审慎判断对方的虚实，金鑫鑫还叫来了自己的闺蜜梁燕作陪。梁燕在朋友眼里，对男人很有观察力，也很有主见。那个穆总比两个女孩晚到了一会，他进门来的时候，金鑫鑫很热情地让座，梁燕却不动声色地打量着眼前初次见面的男人。穆总把手包放在椅子上，说去一趟洗手间。这个空隙里，金鑫鑫问梁燕，"感觉怎么样？"梁燕回答说"虽然来晚了，应该减一分，但是我感觉他还是有诚意的。"金鑫鑫问："他还没说话，你怎么看出有诚意呀？"梁燕说："他把车停在窗外的时候，我看见了，他走路很快，脚步很匆忙，看来他至少不是怀着悠闲消遣的心态来见我们的，这很重要，不要忘了，你是个二十几岁的女孩子，人家事业有成，要是只是跟我们打情骂俏，估计不会这么大步

流星的吧。"金鑫鑫笑道："做事的走路就大步流星，泡妞的七摇八晃的走呀。"正琢磨这话有无道理，穆总回来了，一坐下，他就招呼服务员上茶，而且选择坐在靠近桌子的椅子上，而不是松软的沙发上。他的坐姿端正，目光坦荡，一副雷厉风行的架势，叫金鑫鑫没有时间犹豫忐忑。当金鑫鑫叙述自己开酒吧的设想以及未来经营上的规划的时候，穆总专注的眼神以及不时打断她的话语问询的一些问题，叫梁燕当即判断出他自己显然是早有开酒吧的预想和打算，而绝非因为金鑫鑫的酒吧需要投资合伙人才一时萌发的念头。

这才是好事呢。金鑫鑫也意识到了，很兴奋，因为希望得到穆总的支持与合作，她尽情地表现了自己的热情和幽默，又不失自控和敏锐，以获得对方的好感和认同。而一旁的梁燕也在一些细节上观察眼前的男人，包括他的装束，举止，言谈，眼神，神色，态度，说话方式，最后，俩女孩偷偷交换了一下眼神，他们共同认可这个眼前的男人，假如能够获取他的信任和投资，并且合作经营，这个酒吧的前景一定非常好。

和这个男人分手后，俩女孩重新分析这次见面谈话的全部情景，除了肯定自己的地方之外，梁燕忽然问金鑫鑫："你说，我们有什么不妥的地方没有？你觉得我们什么地方做的不够好呢？"金鑫鑫回答说："能说的都说了，没有什么遗憾的呀。"梁燕却说："我却觉得我们稍微有点卑微了，不是吗，是我们太渴望他投资了吧,还是因为他是一个多金男我们就显得没有底气了呢?"金鑫鑫听了,想了好一会,才说:"是显得我们对他完全没有把握呢,还是对以后的事业没有把握呢?这可不一样呀,看来我们不光是要充分地表达自己,还要换位思考,假如我们是他,会怎么想我们所说的每一句话呢?我们的真诚是完全表现出来了,看他怎么看我们吧。"虽然这么说,金鑫鑫和梁燕后来还是又去了穆总公司一次,郑重地把酒吧的投资可行性报告和未来市场前景及投资回报方案放在穆总的桌上。资料完整详细,金鑫鑫再次就一些重要问题深入浅出地解析了一番,这次说话的态度有了一些调整,做到了不卑不亢,态度严谨认真,直到穆总的脸上现出满意的笑容,并开口说留下两人一起吃饭,还说找时间具体谈谈酒吧的事情。

现在这家酒吧在那条消闲街经营得有声有色,主营的红酒是穆总亲自参与谈判成功的山东的一家酒厂专供,利益很丰润。当然,也全得益于金鑫鑫和梁燕得心应手的管理和经营,她们俩已经和穆总谈妥将要在两家五星级酒店共同经营咖啡茶餐厅。

金鑫鑫和梁燕很感谢穆总对她们的信任和支持,说到自己的成功,她们也会对她们自己识别男人的能力给予褒奖,的确,她们看准了一个男人,这件事对她们的生活和未来都产生了很大的影响。

　　无疑，金鑫鑫和梁燕与男人的交往能力和对男人施以的影响力，叫男人肯定了她们。当然前提是两个女孩先是运用了自己的识别力和判断力，肯定了这个男人。也由于她们对自己的肯定，叫她们保持着一种乐观热忱、积极向上的激情，做到了换位思考，以对方的心态感知男人的情绪，然后以敏感的心去察觉你对面的男人最细微的所在，然后根据他的需求行事，于是她们获得了对方情愿为她们提供的最需要的支持。

6 洞察男人前，先调整自己

　　女人拥有识别男人的能力，体现了她自身的综合素质。当一个男人出现在她的面前，需要她来识别和判断的时候，这些因素就会聚集起来，不同程度地起着作用。

　　在最近很火爆的电视相亲节目里面，台上女嘉宾的表现，就能够非常准确到位地诠释所谓女人识别男人这个概念。我们认真观察这些女人，首先就是看在这种特别场合状态下女人对男人的注意力程度。通常来说，在这种特定的场合，多数女人注意力非常集中，男嘉宾的一举一动都在她的注视之下，而也有少数的女嘉宾，当主持人问起她来，就发现她似乎神思游离，注意力涣散，回答问题也是莫衷一是、答非所问。我们不要怀疑她来这里相亲的目的，她天生就是这种气质类型，但是我们确实担心她这样的精神状态，是否会对男嘉宾有准确的判断。在这样的场合还如此神思飘渺，可以想见在平静的日常生活状态下的她是一个注意力多么分散的人。

大千世界，人与人千差万别，你看场上女嘉宾们对男人外形的观察力，谈吐的理解力，对他从外表到谈吐伸延开来的一切的想象力，就更是千差万别无奇不有。当一个男嘉宾出现，他的表情特点和走路步态，招致女人们的不同反应，奇怪的差异性非常明显，女人对他的观察做出的判断和结论简直完全背道而驰，有的马上表示不喜欢，而有的立刻表示非常欣赏。至于当男嘉宾的场外VCR介绍和他自己现场的表白交叉进行过程中，女人判断这个男人就需要具备更深要求的推理能力、洞察能力和更深的思考能力了，这是对场上女人的考验。我们注意到了有的女嘉宾虽然依据了从前的感情经历经验，但是囿于个人感情局限和认识偏颇，没能做到深入和洞悉，非常遗憾地失去与一个优秀的男人牵手的机会。有的女嘉宾生性非常单纯无知，她的推理则无厘头般的滑稽，根本不着边际，叫男人简直无法与她对话。

女人后天学习这些因素很重要，包括她的文化知识、社会阅历和生活经验，还有就是她自身的学习能力。要知道，学习是一种习惯，是一种方法，是获取提高的基本手段。有知识，有阅历，有能力，这些前提能帮助女人视野更宽阔，心地更包

容，掌控能力更强大，这一切自然是女人准确识别男人的有利条件。

我们也看到了一些女嘉宾言谈中显现的聪慧灵光，看到了她自身的文化底蕴，还看到了一些聪明的女嘉宾个人表现的不断进步和渐入佳境。做为女人的可贵之处，是做到自我的创新和不断的自省，这表明她们的精神达到了更高的境界。

女人在和男人短兵相接的瞬间，在没有更多的时间思考判断的时刻，最能袒露她的真实内心，最能叫我们看到她的真性情。我们看到有的女嘉宾始终处于兴奋状态，非常适应场合，无拘无束大胆表达；看到有的女嘉宾性格稳定不善张扬，始终保持着平静的状态；看到有的女嘉宾的极端强势的性格，不肯迁就甚至不肯接受男嘉宾当场拒绝的逆反心态的表露；看到有的女嘉宾冒失和莽撞的性格个性；还看到一些女嘉宾的内心的敏感细腻。

在这些女嘉宾身上，我们也看到了她们对判断对象的怀疑，个人的幻想，内心的世故还有忧虑。只有拥有识别的能力，才能叫她们迅速大胆地抓住机会，得到心仪的男人。而且，勇敢和自信叫你有一个很好的性格。而很好的性格，使你具有自我情绪管理的能力，包括微小的细节，这样的优势特征在场上散发开来，就犹如美丽的光环，辉映出一个有美好性情充满迷人女人魅力的你。

其实，一个女人培养自己具有识别男人的习惯，就相当于再造重塑一个自己的过程。这很正常，哪个女人，没有过那青涩的无知年代呢，从幼稚笨拙的情感经历走出来，得到心灵的感悟和敏锐的洞察，心智的提升无疑等于赋予一个女人的新生。

从艺校毕业的时候，杨小晴刚刚20岁，美丽单纯，心存幻想，文化不高读书也不多，到歌舞团工作没多久，就开始成为很多男人追逐的目标。在追求者中，有一同工作的同事，还有偶然在一些场合遇见结识的男人。杨小晴的家境普通，父母也没什么文化，都是效益不好的企业的职工，对她期望值很高，从小也很娇宠，什么事情都依着她，根本没有过任何如何与男人打交道这方面的教育和灌输，这就使得她的脾气很任性和执拗。

她的第一段感情很平常，是一个一起同台演出的男同事。一次去山区演出，小晴没有带厚衣服感冒了，这个男同事很殷勤地照顾小晴，得到小晴的好感之后，就开始追求她。其实小晴对他没有什么把握，也听说这个男人曾经追求别人。但感情寂寞的她未做过多考虑，就接受了这个男人，同居在了一起。不到一年的时间，两个人已经全无激情，这个男人也觉得无趣和厌倦了，有了新欢的他离开了小晴。小晴并没有受到什么伤害，因为此时又有追求者上门了。这个男人是一个事业单位的公务员，他爱上小晴，是在一个朋友的婚礼上，被另一个酒桌

上小晴美丽的外表所吸引，开始了苦苦的追求。小晴并不满意
这个男人，尤其是他的身材和长相，都不是小晴喜欢的类型。
可是，因为这个男人有比较稳定的职业和有发展的未来，再加
上不同于前一个男人的细心和宠爱，小晴犹豫再三之后，终于
还是倒向了这个男人的怀抱。虽然同居在一起，小晴却并没有
打算把自己的未来和他拴在一起的打算，照样经常晚上出去，
和朋友们到夜店玩耍。这个男人试图拽回小晴的玩心，也曾经
想和小晴深谈，但多次努力未果，他才突然发现，他所做的任
何努力都是徒劳的，他的话，小晴之所以不爱听，是因为根本
听不明白。这个男人恍然大悟的同时，小晴在他面前顿时也就
失去了全部的光彩。小晴在经历了这两段感情之后，岁数也在
长大，开始对男女情事有所感觉。这时候，团里的演员有的傍
上大款开上了宝马，再加上母亲提前退休，家境的贫寒窘迫，
都刺激了小晴，叫她对垂涎她的男人开始有了不同以往的鉴别
标准。她完全否定了曾经同台的那个男演员和矮胖的公务员，
认为自己太傻，失去了童贞不说，还什么都没有得到，简直不
屑于回想往事。不久，一次商业酒会上，小晴同时认识了年长
她很多的商人韩某和某事业单位处级领导林某，两个男人都有
家庭，但看到小晴都开始追求她。

　　如果说小晴从前两段失败的感情还是源于她年轻单纯天真
的话，换成与这两个老男人的交往，则完全发生了性质和动机

的改变。和男演员交往的时候，小晴也知道他不一定会和自己结婚，但是也是为了填充寂寞的她，并不苛求那个男人。等那个公务员确实想和小晴结婚时，但是小晴自己一点成家的打算都没有。现在，这俩有家室的老男人，都在追求小晴，他们想干什么呢？小晴知道，他们不会为自己离婚的，那么甜言蜜语和物质诱饵是为了什么呢？在文化娱乐圈子里，女演员因为漂亮被有权有势有钱的男人包养是司空见惯的事情，小晴也见多了，现在，她自己面临着选择。同团的女友看到小晴的苦恼不以为然，对小晴说，既然人家是找你玩的，就和他们玩吧，大家都明白的，不会有任何结果的，各取所需罢了。小晴知道持这种心态的，在团里不是少数，可是她自己虽然曾经经历过不成功的感情生活，但还是想在茫茫人海里找寻到属于自己的那份真爱。抱着这种幻想，小晴开始在两个男人之间游走，因为她不敢确定，这两个成年男人谁更爱她，谁真心喜欢她，甚至为了她，放弃已经拥有的，和她结婚。

　　小晴以为自己很聪明，因为她自己把从前交往男人的观念完全改变了。为了适应两个男人，她需要不停地调整自己的角色和情绪，性格因此变得飘忽不定还很乖张诡异，结果是那两个见多识广的老男人很快就察觉到了小晴的秘密，当小晴因为一次突发的车祸事件受伤躺在医院，最需要他们的帮助的时候，他们都毫不留情地选择了离开。当小晴质问他们的时候，

他们竟然也毫不隐晦对小晴说，不去医院的原因很简单，就是不想遇见另外那个男人。

受了伤的小晴再不能登台演出了，事业感情的双重伤害，叫小晴一蹶不振。之后，她开始反思自己的所有感情经历。她发现，自己所有的感情经历，都是男人追求她，叫她被动地去接受他们的爱，至于她自己，到底是爱哪一个呢？她爱男人的标准到底是什么呢？她自己都说不清楚。难道她自己以后的路还是一直等着某一个男人来追求她吗，那么究竟为什么，她还没有一个敢笃定是自己爱着的男人出现呢？

这次车祸之后，小晴像变了一个人，性格不再张扬，变得内敛了不少，只有25岁的小晴觉得自己的心已经沧桑了。痛定思痛，小晴对自己说，她的眼睛下次落到男人身上的时候，一定要先问自己爱不爱他，自己适合不适合他，一定要首先对自己负责。识别和判断男人出于自己的本心，不再莫衷一是，做男人的玩偶，要听从内心的呼唤，真诚勇敢。内心的释然和坦荡，小晴开始了在爱情道路上的重新启程，她希望下一次的感情经历，叫她明白爱情的真谛，并且是她大胆地去选择男人。

识别男人的过程要求我们，在任何一个微小行为的过程中，都首先要对我们自己的整体情绪、心态、观念进行调整。在此调整过程中，我们自己也会获得收益和快乐。而当我们自己调整好了，就具备了洞察男人的先决条件。在任何一个场

合，遇见一个男人，通过和他简单的寒暄，或者轻松的调侃，
几句对话，就能大略判断他的性格和状态，而做为女人的你自
己，也因为在男人面前轻松大方的谈吐能够很快获得对方的信
任和靠近。

Bus Stop

7 换位思考，你就
知道他在想什么

女人换位于男人的角色去思考，站在男
人的角度考虑，在男人的情感世界去感受和理
解，这是女人识别男人能力的很关键的因素。

我有几个智商很高的女性朋友，文化程
度、知识水平、学习能力都很超乎寻常，对社
会的客观认识和与他人交往的达观包容，都表
明她们的情商也很高。但是，唯一会有分歧的
地方，就是在女性情感问题上的认识，常常陷
入自我狭隘和偏执的怪圈不能自拔，以至于无
法做出符合实情的准确判断，根源的东西更无
从挖掘。

也许是因为女人受传统观念的影响，根深
蒂固于女性角色的内涵，太爱自己，太怜惜自
己，或者就是不愿意知道真相，情愿真相被掩
盖以免叫自己伤感和无奈吧。但是，如今早已

经是一个传统被摒弃，女人少被怜惜，男权鼎盛，无奇不有光怪陆离的喧闹庸嚣的时代，还依靠那残存的传统观念以及女人的自我爱怜和自我欺骗，不仅无助于帮助自己认识世界认识男人，而且恰恰相反，因为与现实社会的认识脱节，判断失误，终将会遭遇被遗忘和淘汰的无奈结局，这自然并不是女人希望看到的。

有一次，我和几个部队文职干部小聚。席间，得知其中一个我不认识的男人，大概官至正团级吧，年龄将近50岁，妻子半年前已经病故。由于喝了酒，再加上在座均是多年熟悉的老友，说话也就无所顾忌。我注意观察了一下那个重回单身身份的男人的神情，不仅没有看到半点忧伤，而且，却惊异地窥见了他的内心难以掩饰的跃跃欲试的猎奇的骚动。做为女人的我，不由地对那个半年前离世的女人充满了悲哀的同情。因为在座的多是男人，我没有把自己真实的内心表露出来，我就要看看男人们自己是怎么想的，看看他们最真实的内心世界。这很难得，少有男人在女人在场的情况下不加掩盖，真实地袒露他们的真实内心。我听见和他同龄的男人在七嘴八舌地参与讨论，他身边有一个50岁左右的团职干部对他说："像我们这个年纪的男人，应该找一个30岁以下的女人，相差20岁，应该是最合适的。"我不知道他所言的理论依据是什么，又不方便随便张口质问，只好自己在心里默默猜想他的理论依据来源于

何处。不等我猜出来，另外一个岁数差不多大的男人，也肯定了
这个男人的说法。我观察着说话的人是出于逢迎的心态还是出自
本心的认同，但是我瞬间又有了新的发现，我发现，所有持这种
观点的男人，在说出这样令他们向往的话的时候，脸上同时也绽
放出向往的光彩来。我的心猛地动了一下，接着我不想看到和认
同的一幕出现了——我看到了男人们举起了杯子，他们的眼神
和神情在向丧偶男人，不，或者在向他的特殊身份，做着一种男
人内心达成共识的某种表示。

　　我的心很悲凉。我的情绪的变化被身边一个老友察觉到
了，可能是想替他们解释吧，他对我说了那个丧偶男人的事
情，说他的妻子是他入伍前的农村发妻，没有文化没有交流，
总之男人的绝情是有原因的，这个农村女人拖累他很久了，他
一直非常痛苦等等。我无语。直到这个老友再次有心无意地说
了一句，男人也是人呀，还不到50岁呢，正壮年呢。我这才缓
过神来，似乎领悟了他的话里面的含义。

　　我后来把这件事情讲给女友们听，果不其然，听到的是
一通对男人无情无义喜新厌旧行为的斥责和痛骂。我也试图
站在男人角度分析和解释这件事情的某些合理之处，比如，
我首先强调这是一些部队干部，而且都有一定位置，意思是
受过的教育都很正统，日常生活里，做人也比较规矩，属于
那种不会轻易越雷池一步的拘谨男人。我的意思是，这不是

一群不负责任，对女人不尊重，终日拈花惹草的浪荡男人。但是无论如何，女人们不能接受男人对逝去不久的前妻的薄情寡义，对男人那正常的生理需求也斥责为无耻欲望，不肯迁就和同情。

其实我也很可笑，在这件具体的事件上，女人无论如何不能做到，想象和男人一样的处境下，去亲自感同身受。但就是这个障碍，叫我们无从判断男人的心理感受，也无从理解和接受他的真实内心。不能做到换位思考，就不能引起彼此共鸣性的情感反应。

在这件事情之外，我们还能体会很深的是，与男人相处相互之间察其言观其色，无论对方讲话与否，我们就能判断出对方男人的心理感受，确实需要女人很高的悟性和心智。并且善解人意是一种能力，是一种能够客观分析理解他人情感的能力。没有这种能力，我们就会在一些处境里误解他人或者自己麻木不仁。

女人因为偏见，无法做到情感转移，无法在男人的情感世界里去感受。我们不知道男人是怎么想的，不知道他是如何感受的，毫无敏察的我们不能准确研读他最真实的情绪感受，如此一来，当我们需要识别和判断男人的时候，就会误解他的感受，或者对他的感受无动于衷。到这时候，我们才发现我们的困惑，发现我们思考的障碍已经影响了我们的生活。

　　张欣离婚的时候，非常果断，因为她当时35岁，觉得自己还很年轻，并且，之所以离婚丝毫没有犹豫，就是因为张欣有离婚之前，她的漂亮很得婚外男人欣赏，这使得还在婚姻约束中的张欣产生了一种错觉，那就是，我一旦离婚，这些男人就会蜂拥而至，发疯地追求自由的单身的自己，那个时候，自己就可以随心所欲找到一个可心的男人。但是，她错误地判断了男人。张欣离婚后，那些男人非常害怕没有婚姻束缚的这个女人跟他们来真的，沾上他们，影响了他们的家庭，都躲了起来。张欣没有想到原来是他们骚扰自己，现在成了自己主动搭讪人家，即使如此，那些男人也一改往日垂涎口吻，话里话外暗示或者警告她维持这种地下关系可以，但是绝对不许打扰他的生活和家庭，这叫对男人对未来充满幻想的张欣的心情一落千丈。

　　张欣不懂男人的心理，就是缺乏换位思考的能力造成的。那些不怀好意的男人对有婚姻约束的张欣骚扰，是因为有丈夫的张欣会顾及自己的家庭而不会对他的家庭造成影响和伤害，所以他们为所欲为色胆包天。但是，当张欣离异成了单身，这个时候，这样的男人就不得不为自己的利益考虑了，他们本身家庭并没有问题，就是为了寻找婚外的刺激，并不想离婚的他们不可能为了一个他们并不想娶回家的女人把自己的家庭破坏了。他们才没那么傻呢，于是，他们或者采取逃避态度，或者虽然敢铤而走险，但是也在张欣面前明明白白竖一道屏障，叫

她自己要么委曲求全要么知难而退。

我们应该指出，张欣的错误更多的缘由不是出自男人，而是出自她自身的自我觉知能力很低。或者换句话说，就是女人通常存在的自我感觉良好，自我认知过高造成。一个女人，不能做到对自己坦诚，自视过高，不能准确摆放自己的位置，没有这些基本的东西做基础去体察男人的情绪感受，肯定就会与男人真实的感觉和意图背道而驰。

也许你要说，只有经历了这些痛苦感情经历的女人，才有可能认清和识别男人，其实不然，我们不必因为受到伤害才能总结出生活的点滴感悟，在我们日常的工作中，正常的男女交往以及平素的家庭生活中，我们都要学会换位移情于男人的角色去观察和思考。与男人相处，有一颗真实坦诚的心，明白自己所处的位置，特别是正确了解和认识自己的优劣，面对男人，大方得体，聪慧敏锐，听其言观其行，在细微的地方感受对方传达出来的任何信息，我们才有机会获得那些我们想得到的。

对男人的识别，是要建立在女人自我察觉力和自我控制力之上的，这非常重要。在现实生活中，女人识别男人的最大障碍，有时候，是她们自己都不知道自己的真实内心感受。有的女人无法掌控自己的内心，完全是情绪化的宣泄，有很多女人遇到这种情况甚至出现焦虑灰暗心态，以至于感情用事。

　　我有一次见到一个女人，人还算漂亮，但很奇怪，见到男人就像吃了枪药一样进攻，显然属于典型的兴奋型气质，本是不那么熟悉的朋友们聚会，她却不讲究一点矜持和优雅，从始至终都处于一种接近于亢奋的状态，不顾别人的感受不停地说话，喋喋不休，并且因为过于兴奋喧哗影响了别人的情绪，我注意到其中一些男人非常尴尬和扫兴。我们知道，她只是因为特别想表达她自己的情绪，体验自己的快乐，所以有时候忘乎所以了，她只知道陶醉在自我情绪的宣泄和快乐中了，根本没去揣摩那些男人的心情感受。

　　要知道，一切行为的发生都是相对的，你对男人怎样，男人就会对你怎样，你对男人微笑，男人就对你微笑，你对男人冷嘲热讽，男人就会对你嗤之以鼻。你一点都不在乎尊重男人，男人怎么会在乎尊重你呢。这个女人虽然不讨人喜欢，甚至叫男人反感，但后来听别人讲才得知，我们误解了她，其实她人很厚道，很善良。

　　但是，因为她性格的这些瑕疵，叫接触过她的男人害怕再有难堪的场景出现，唯恐避之不及不说，还造成对她人品的很多误解。缺乏换位思考的张欣因为男人对她的误读，也渐渐对男人的认知产生更多的迷惘和疑惑，相互间背道而驰的判断，也使这个女人对男人的理解和感知，走向越来越相悖的轨道。

8 爱嫉妒的女人比 任何女人都痛苦

通常情况下，男人被女人吸引，第一眼当然是她漂亮的外貌和与众不同的气质，男人会在不知不觉间臆想和探寻她有哪些不同凡俗之处。但是，接下来的交往，如果还能继续，男人则是被女人友善的亲和力和较强的沟通能力牵引。第一眼对她感觉上的不同凡俗，男人需要在接下来的交往中去了解，并在了解中发现和证实自己的最初判断，一旦被证实可靠，男人就会对女人产生信赖感，反之，男人则会貌合神离或者转身离去。

阿春是我在超越健身中心练瑜伽的时候认识的，她在大学做英语教师，相互攀谈间我得知阿春三十多岁了，还是单身。我起初的第一感觉自然是很惊奇，要知道，阿春很漂亮，身材也很好，大学老师的身份也叫常人敬慕，为

什么到了三十几岁还没有结婚呢？相熟以后，我也结识了阿春别的女友，听她们说，阿春以前有过几次恋爱经历，都分手了。恋爱结婚，或者失恋分手，都是很正常的事情，感情经历的结局没有办法预料，但是，有了达不到期望的结果应该反思一下原因。我也问过阿春，结识过那么多优秀的男人，怎么至今还没有一个叫自己满意的归宿呢。阿春答不出。

　　不久，我们几个女人得知最帅的瑜伽教练肖建也是单身，而且似乎也三十多岁了，就有心撮合他们，希望他们能够建立恋爱关系。肖建痛快地答应，晚上邀请大伙一起到咖啡厅，当然，如此近距离接触，目的是为了接近阿春，看看两个人的感觉如何。我们都看出，那天时尚装扮的阿春一进门，肖建都看呆了。跟平素练瑜伽的时候的简单打扮不同，阿春那天头发高挽着梳了一个发髻，一件粉色的高领衫，外套一件短款的灰色毛衫，一条未及膝盖的黑色短裤，足上踏着一双浅色高腰靴，我们看着她就感觉一股清新纯净的微风扑面而来，顿感清爽惬意。回转身看肖建，因为慌张失措，竟然也不知道说句欢迎或者起身让座的客气话，直到我们大家都起哄埋怨他，肖建才醒过神来。当然这样的举动，恰好说明女人外貌的优势，已经在进门的一瞬间，给女人赢得了很高的认可度。因为肖建是瑜伽教练，事先阿春也是知道他的，既然如此精心打扮前来约会，应该也是心里情愿的。我们看在眼里乐在心头。

　　俗话说，良好的开端是成功的一半。我们期望这么好的开始，也许是他们能很好的相处下去的预兆，那天晚上，我们几个"灯泡"待了一会就走了，给她两人留下单独相处的空间。第二天晚上，我在健身房走廊遇见满面春色的阿春，她兴高采烈地跟我打招呼，我自然想到前一晚的约会，就用眼睛询问她。我俩在休息室坐下，阿春对我说："我们谈了很久，还算说得来，我以前以为他没什么学历呢，原来也上过大学。"我不说话，等着阿春继续说下去，阿春说："还可以，他和我一年的，都是属龙的，两条龙，估计以后谁也不让谁。"说完，阿春还嘻嘻地笑，又说了一些肖建跟她说的他的父母和家庭的情况，我才得知肖建的父母是做茶叶生意的，肖建家开了一个茶叶店，就在健身中心附近，是肖建负责经营。我看阿春的态度很积极很明朗，就觉得看来至少初次见面两个人的看法还不错，相处还算和谐，就松了一口气，就对阿春说："好好处吧，也许真的缘分到了，这个男人就是你未来的另一半呢。"

　　冬天快到的时候，我因为工作调动，没有时间再去超越健身中心了，和阿春、肖建的联系也渐渐少了。到了圣诞节的时候，朋友邀请到湘君府聚会，我在大厅意外遇见了肖建，客套几句，我自然问到了阿春。谁知道肖建先是脸上现出尴尬，然后似乎是想搪塞支吾，马上一副着急要走开的样子。我不好意思强问发生了什么事情，只好晚上给阿春打了个电话。阿春听

出我的声音，开始是有气无力的回话，渐渐的，因为提到了肖建她的声音已经开始哽咽。我才得知，他们已经分手了。我很意外，是谁的原因呢？我问阿春，为什么呢？

阿春还是语塞。这使我想起最初认识她的时候，每当她回答我从前失恋的原因时，都和现在是一模一样的沉默的态度。真是叫人郁闷纠结，我决定明天去找肖建问个究竟。

我到他家茶叶店原址去了，看到那里已经成了茶楼，见到肖建，知道他已经不做瑜伽教练，全心经营茶楼的生意了。一副老板模样的肖建一边认真给我布茶，一边跟我说起了阿春的事情。也许他此时一点不忌讳说什么了，所以说话很直接。

肖建说，我起初以为她会是一个有文化有修养的女人，也难怪我这么想，人家长得漂亮，工作单位好，收入稳定，按说没什么可挑剔的，我一个瑜伽教练，或者说一个小生意人，对我来说这样的女人打着灯笼都难找呢。可是一相处下来，我发现完全不是那么回事，别怪我说话难听，这个女人表面文雅，其实内心非常庸俗，庸俗透顶，太物质，太自我，太自私，太世故，控制欲太强，根本不替别人着想，我和她相处不到三个月，从头到尾，就一点没看出她有什么文化，一不读书，二不看报，国家大事从不关心，对了，上网只看八卦，娱乐圈谁跟谁好了散了，倒都挺清楚，什么范冰冰和张柏芝裙子穿一样了撞衫了，都特明白，这个是什么牌那个是什么牌，假装挺有品位，其实这些东西离她远着呢。

我很震惊，三个月的男女相处，怎么竟然换来如此接近刻毒的语言，阿春，你怎么回事？我要肖建具体说说。肖建就简单地讲叙了几件事情。他先说了阿春想把自己下岗的嫂子安排到茶楼上班的事情。我问然后呢。肖建说，来了我一看，五十多了，岁数太大，粗手笨脚，干啥都不适合，就不同意她来了。我不以为然，说人家为了家里生活不足怪。问他还有呢？肖建说：这肯定吵架呀。还有，我母亲一直生病身体不好，我跟她说过，可是她跟我去家里几次，眼里一点活没有，就跟我家里来了祖宗一样，全家供着她。我解释说，这可能跟她个性有关，一直一个人生活，不适合大家庭生活，你要体谅。肖建说，我是忍了，不去家里就完了呗，省得父母生气。我不能忍受的是，都已经36岁了，一点不知道自重，见啥要啥，把自己当18岁少女呢，一天到晚除了说些谁谁傍了大款了，开了什么车了，买了什么衣服了，就没别的话说了。我都纳闷，她什么家庭出身呀，是不是特别低微，穷透了呀，素质怎么这么低呀，特贪婪，这样的人怎么能当大学老师呢，就这水平呀，我算见识了，特爱吹嘘显摆自己，特虚荣，啥事都想拔尖，自己说完的话过后自己都忘了，我可是替她记着呢。最不能接受的就是对我的控制，凡是女人的电话，她一定要刨根问底，烦人的不行。知道我要装修这个茶楼，还阻挠我，说要先买房，不

买房不可能结婚之类，本来我是准备买房的，听她这一闹腾，我都害怕了，还是别买了吧，买了房，还不定怎么跟我折腾呢，什么房本署谁的名之类，以后离婚了财产怎么算之类，我也算接受了教训了，我这是最后一次，以前我就是这毛病，太注重外表，喜欢漂亮的女人，这回，我算正经八百提高了，下次绝对不光看外表了，就找个普普通通的，爱我就行了。

肖建的话说完了，我变得无语了。我不知道肖建的话是否带有个人的偏见，是否有些言过其实，或许，他还隐瞒了什么不为外人道的原因，但事已至此，所谓的事情的真相已经不重要了，我已经听明白了。我不能评价是肖建的要求高，或者是阿春的表现差，我只想说，要叫女人尽显自己的魅力，全心打造自己的形象，经受得住男人的各种考验，是需要女人自身修炼的，是需要持久的耐性以及毅力的。一个女人拥有美貌是她的先天本领，却未必就能做到人见人爱，任性而自私，悭吝而刻薄，男人也只能敬而远之。

相反虽然相貌平凡，却拥有识别男人的眼睛，时刻体现出女人做人做事的优势和魅力，善解人意，宽厚待人，办事妥当，谈吐和谐，招人喜爱，男人会觉得和这样的女人在一起就是享受人生，男人感觉到了快乐和舒服，在不知不觉间就将情感归属了这样的女人。

阿春的故事给了我们很多提醒，女人拥有健康的心理、完善的品质是妥善处理情侣关系的关键。

其实，任何女人都有一些类似固执、自卑、焦虑、妒忌等异常的心理，由于环境、出身、教育程度、性格因素、自身条件等，每个女人的心理也存在着很大的差异。我们常见到这样的情况，一个人能够容忍不熟悉的人，却不能容忍自己熟悉的人。这就是典型的嫉妒情绪。

有一次在公司午饭休息的时候，我无意间听见几个80后女孩在议论一个X姓明星，说她被称为"中国第一二奶"，虽然称号不雅，我却从女孩们说话的口气里听到了向往和羡慕。我知道这种违反中国传统道德的事情不被大家谴责，是因为那个女明星的生活，距离这些女孩自己的生活太遥远的缘故。接着，她们的话题突然就转到了一个刚刚辞职离开我们公司的女孩身上，我听见她们充满嫉妒的口吻，大概是因为这个女孩投靠了一个有钱的男人的怀抱，我听见一个女孩气愤的话语，接着，是大伙不屑的同仇敌忾的唾弃。

这两个故事有什么区别吗？我真想问她们，就是因为这个身边的大家熟悉的女孩开上了宝马，打破了大家心里一贯的平衡，才招致了强烈的嫉妒而已，在这里我们看到，她们的道德观是没有统一原则的。

说到健全心理，我还特别想到女人需要修炼的，就是克服最难克服的嫉妒的通病，嫉妒属于心智不健全的一种表现。当

一个优秀的男人出现在女人面前，女人一定要谨防嫉妒心的侵扰。不要把自己的女伴当做竞争者对待，随时提醒自己不要狭隘，不要偏执，相互完善比相互竞争更重要。尤其是当出现自己的女友被男人重视的场景，千万别被嫉妒的情绪左右，不用去比较。

护士胡婷婷有个室友叫刘丹，因为各种原因恋爱失败了几次，很受打击。胡婷婷自己也还没有结婚，男朋友是个本院的医生。胡婷婷以前在大学的时候有个男友，毕业去了广州，虽然分手了，但有时候还会跟胡婷婷在网上用QQ聊天，保持着朋友的关系。两个女孩住一个宿舍，一边是不仅身边有一个热恋男友呵护并且还有远方前男友的问候，享受在温暖幸福缠绵情意里的胡婷婷，一边是不断遭受失恋打击形单影只，心里郁闷焦躁痛苦不堪的刘丹。渐渐地，内心极其要强自视很高的刘丹的心理状态发生了偏斜，不自觉间她的注意力转移到了胡婷婷身上，潜意识里，她自认为她既比胡婷婷聪明也比胡婷婷漂亮，她本来应该比胡婷婷幸福幸运才是，那些男人之所以看上胡婷婷，要么是没看见她，要么就是本来是要跟自己好，无奈自己比较木讷不开窍，所以，人家只好屈居其次，把对她的感情倾注了她的代替品胡婷婷身上。鬼使神差，刘丹做出了叫任何人都觉得不可理喻的事情，她趁着胡婷婷洗澡的空隙把胡婷婷前男友的QQ留言转发给了胡婷婷的现男友。结果胡婷婷

和她的现男友并未因此发生感情危机，因为那些QQ留言无足
轻重。刘丹见胡婷婷一点都没有察觉到什么问题，索性就开始
暗中给她的医生男友发大量暧昧短信勾引对方，到最后越来越
肆无忌惮，索性一次趁着假装酒醉，半夜奔向了医生独居的家
里。医生见状，明白这件事情如果继续发展下去将无法收场，
就当场打电话叫来了胡婷婷，尴尬万分的刘丹只好佯装大醉不
醒人事的样子，被人家两位扶上了出租车送回了宿舍。刘丹明
里暗里给人家胡婷婷捣鬼的丑事也真相大白，她自己也感觉颜
面尽失，在医院同事面前羞愧得无地自容。

　　一个爱嫉妒的女人，她所受的痛苦，比任何人遭受的痛苦
都大，她自己的不幸和别人的幸福都使她痛苦万分。

　　我曾经见到恃强凌弱非常势利的女人，曾经见到竭力逢迎
巴结权贵的女人，我观察到她们由于内心情绪的大幅度转化而
造成的长期的内心的焦虑和不安，却也正是因为她们不能把握
好自己的情绪，而最终遭到她们期待获得青睐的男人的侧目和
轻蔑。我曾经听到一个男人评价女人说，一个女人，不漂亮没
什么，没文化也没什么，没有善良的心，是最最可怕的。

9 自信的女人最漂亮

　　有些时候，一些女人在评价另外的女人在男人面前的落落大方、谈笑风生的时候，会用上她很自信这样的评价。是的，这的确是女人自信的表现。于是我们也因此发问，那么为什么你们不能做到自信呢？

　　根据心理学的理论分析，女人在男人面前的自信有三种之多。即对自己能力的信任，非能力的信任和潜能力的信任。

　　对自己能力的信任，就是与男人交往的时候，相信自己的胆识和眼光，并且根据自己对男人的判断和识别，大胆在他面前将自己的魅力展现出来，不担心别人怎么说怎么看，最终因为自己能力的展现叫男人了解了你，认识了你。如今很多应聘面试场合，给你自我表现的时间很短，短平快的对接，就要给对方一个认

可满意的印象，如果一个女人，因为对方都是态度冷漠而强硬的男人而胆怯和畏缩，势必失去难得的机会，从而无法把握任何可能的机遇。

我从前有个女同事，是一所名牌大学的双学士，她上学的时候肯定是个好学生，上班了还是每天书不离手，做事态度诚恳认真，非常执拗心无城府，因为和一位领导关系不融洽，离开了报社。为了寻找新的工作岗位，她曾经多次去应聘。我知道她其中两次的应聘，都是以笔试第一名的身份进入面试程序的，可是，尽管她是笔试第一名的好成绩，尽管她是名牌大学的双学历，尽管她还只有26岁，她最后总是无法越过面试这一关，得到就业的机会。我很是纳闷，要知道，那个时候应聘那类很普通的单位，还不至于有如今这么多的猫腻，究竟为什么她无法获得那些面试人的难关呢？我问过她。她听到我的疑问，非常难堪，喏喏地回答说，自己实在无法面对那么多男人近距离的咄咄逼人式的审视提问，说她紧张的大脑一片空白，别说过脑的话，就是不过脑的话都说不出来，还说，她自己也不知道怎么回事，难为情的恨不得有个地缝钻进去。我听了就问她，如果面试的考官是女的，你还会这么紧张吗？她听了，缓了一口气沉吟了一下，用肯定的态度回答我说，那肯定就没事了，我不怕女人，怕男人。

这个故事后来一想起来就叫我们忍俊不禁，刚走出大学校园的单纯幼稚没有任何社会经验的女孩子，那副羞涩淳朴的模样仿佛就在眼前。只可惜，她的单纯和幼稚，叫她经受了更多的磨难和长久的期待，只因为她没有任何和男人打交道的经验，突然见到一群脸色冷冰冰态度生硬的男人，一下子束手无策，成了一个没有任何自信和智商的女人，叫男人无法对她以后的工作能力、交往能力产生信任，从而放弃了她。

第二种自信，指的是女人能够坦然磊落对待自己不能做、不能承担、不能胜任、没把握实现的事情，不在乎因为自己完成不了这件事情而遭到别人的诋毁，这叫做非能力自信。

这种自信，对女人内心的强度有了一定的要求。相比较第一种自信来讲，我们看到做到第一种自信的女人，却未必能够做到这第二种自信。这种自信叫女人很好地摆正自己的位置，调整好自我心态，当一个优秀的男人站在你面前，你不必因为自卑而无措和慌张，甚至失态，更不能因为过分自信而强求自己得到这个男人的青睐，并不是什么你都可以为之，不能为的事情是一件很客观的事情，因为别人能看见你们彼此的差距，所以，你的坦然和平静不会叫你失去颜面，反之强求自己自我夸大和膨胀，却会招致贻人口舌留下话柄的结果。

徐燕是个漂亮女孩，因为从小到大都受到夸奖，养成了心高气傲的脾气秉性。大三的时候，她喜欢上了一个男

生。依照徐燕一贯的性情，她觉得，自己这么漂亮出众的外表，她要是喜欢谁了，那个男生应该格外受宠若惊才是，要知道，很多男生都在追求校花徐燕，高傲的徐燕一概置若罔闻。天有难测风云，世间最难以预料的事情就是男女之情。那个男生不仅不回应徐燕的热情，而且一点不顾及徐燕的感受，大大方方地和一个正在读研的女生恋爱了。这简直是对自尊心受到巨大伤害的徐燕的挑战，要知道，从没有任何一个男人会拒绝漂亮的徐燕的要求。那个读研的女生还大这个男生几岁，看上去也不漂亮，所以，徐燕觉得受了奇耻大辱。她竟然完全没有了自尊，对这男生死缠烂打，苦苦哀求，最终因为这个男生追随那个女生去了人家的家乡工作，而没有得到任何感情回报的徐燕也因此精神受到了刺激。

　　徐燕从没有做到平心静气冷静下来认真思考，一味的自信叫她膨胀和充满占有欲，为什么自己对这个男生没有把握，为什么这个男生不喜欢自己，为什么会选择那个大他几岁的女生？顽固的自信使得她不去思考事情背后的原因，不能坦然对待自己感情的失意，更主要的是女人虚荣心受到的巨大伤害，别人的议论和嘲讽，叫徐燕如坐针毡，心乱如麻，慌乱的她不能在这种处境下保持自己稳定的心态，找准自己的位置，而是愈发的一贯的强求，认为自己的自信就应该获取一切自己想要的东西，结果，过分的自信叫这个女孩在众人面前失态不说，她自己的精神也受到很大摧残和打击。

所谓第三种自信，指的是当一个女人身处不利处境或者对男人完全不可知的情况下，虽然眼前也许没有足够的把握和能力，但要求你必须去完成这项艰巨的任务，这时候，背水一战的你树立了自信，相信自己能够做到，这就是潜能力自信。我们常见电影电视剧中，这种人物形象的塑造，一般就是女杀手、女间谍、女强人之类，其实，生活中，有一个非常强大内心世界，敢于战胜任何苦难和挑战的女人也是不乏其人。

自信给女人积极的力量，反之自卑会叫女人自我消弱和摧毁自己的信念和胆识。识别男人的过程，其实就是自信心给了女人力量和能力。能力会因为自信的力量发挥到最大的极致，自信会将女人的很多潜能调动出来，从而推动女人的能力发挥到顶峰。

我的女友安澜是个律师，如今在北京事业有成，开了两家律师事务所，收入极其可观。我非常佩服她，要知道，安澜的起点并不很高，学历是大专，以前是个中学英语教师。她身材瘦小，长相普通，但是有乐观的性格，坚定自信。别人看她业余时间学法律，还笑话她，认为她做律师的想法简直就是胡思乱想。经过两次考试，凭借业余时间自学的安澜终于取得了律师资格证书，接着又开始做实习律师。这

时候，也有人嘲笑她，外形不够出众，在这一行不会脱颖而出。但是后来安澜还是辞职，进入一家著名律师行成为专职律师，律师是个和各行各业各色人等打交道的活计，安澜开始显现出她非同寻常的公关能力，在这个男人掌控的行业一个女人要想成功需要的心智和情商，可以想见。安澜做到了与男人交往轻车熟路，游刃有余，接着与人合作开了一家小的律师事务所。此时，安澜在别人眼里已经很成功，其实合伙人之间难免有一些矛盾和冲突。之后，安澜认为自己还有更大的能力没有发挥出来，用了一年的时间终于扫清难堪局面，独立出来，单打独斗创办了属于自己的两家律师所，自信将一个女人的潜能力发挥到了极限，推动她的事业到了辉煌的顶峰。

我亲眼看到从前那么普通的女人安澜，如今蜕变成一个白领丽人的过程，望着她那优雅干练的身姿，旺盛的精力，还有女人因为自信而显得越来越漂亮的面孔，我愈发坚定了女人因为自信，越来越漂亮，越来越聪明，越来越智慧，越来越幽默，越来越开朗这种事实。

女人乐观积极向上的这种变化，很多来自于与男人交往过程中得到的赞美的反馈，而这种男人的赞美，自然缘由是她的恰到好处的善解人意，充满自信的与男人交往的能力的展现。在安澜的事务所，我看见几个非常年轻的大学生实习律师，非

常尊重他们年轻的女老板，亦步亦趋的崇拜样子，叫我不由的
对当初因为外貌的缘故而失去男友感情受到过伤害的安澜刮目
相看。自信心的驱动，往往叫女人的气场宏大，使女人更强，
在更强的女人面前，男人会不自觉地弱下去，而且宁肯叫自己
的弱点暴露在强势的女人面前。

10 你在发散魅力，男人在注视你

影片《人在囧途》里，给我印象很深的是
男主人公的妻子，虽然已经看出跟踪自己几天
对自己察言观色的女人是可疑的小三，依然每
天淡定从容，满脸微笑。就是她的自信坚定，
终于叫已经开始逼婚的小三自惭形秽，落荒而
逃，不战自败。而她的丈夫也因此看到了自己
妻子坚定的自信，包容和宽厚的心量，而对她
也由衷地产生了敬重和依赖。这位妻子很妥当
地表现了自己的自信，既没有言语行为的过激
表露，也没有与小三有任何方式的交涉，却叫
小三看到了一个女人对远方丈夫深沉的爱和信
任，对家庭和孩子的责任，还有女人自己从性
情到品质的矜持和优雅，小三自己也因此领悟
到未曾感受过的人生和爱情的真谛。眼前的女
人，高贵而美丽，爱自己的男人和家庭，这个

完整的家是属于她的，自己有何权力去骚扰和破坏这一份和谐与美丽呢。在看到女主人的时刻，这个从前一直自恃自己年轻美丽充满优势的女孩子突然失去了自信，感觉到了自己的没趣和不堪。

自信的女人很善于表达和表现自己，利用自己的优势去面对环境。但并不是因为自信就不能接受别人的意见和建议，这一点尤为重要。我看到有些场合有些强势的女人，说话口气不容置疑和反驳，因为别人不苟同自己的意见或者想法，就当场强词夺理态度蛮横，叫别人很反感和厌烦，这不是自信而是强加于人的表现。自信的女人，应该会在听到和自己不一样的声音的时候，真诚面对，敏锐自省，接受建议，善于沟通，敢于自嘲，化解尴尬，在不经意间制造一个更加轻松幽默的气氛和环境，叫别人没有障碍地畅所欲言。

其实，任何女人都是有自卑情结的。当我们需要建立自信的时候，我们就要不断地鼓励自己，我不比其他人差，我没有问题。

新兰是我的同学，上大学的时候，因为有一点口吃，曾经被男生嘲笑过几次，伤了自尊，她从此不爱在人多场合露面，人前人后也变得不擅言谈，郁郁寡欢。毕业以后，新兰回到家乡，成了一名中学语文老师。我们曾经有些替她担心，会不会因为口吃的毛病影响教学工作，还暗暗替她使劲，希望她的缺

陷不至于使她的工作和生活受到什么影响。一年后，从聚会的
同学那里传来消息，说新兰在她的学校很受重视，表现不错。
大家听了难免有点意外和惊奇，难道她的口吃没事了吗？那个
同学听了愣住了，问大家，她口吃吗？什么时候口吃呀，我们
没发觉呀，她唱歌可好听了，讲课也特流利，谁说她口吃了。
我们大家都面面相觑，目瞪口呆，有点不信同学的话是真的。

　　果然，不久之后，新兰来省里参加一个中小学语文教学研
讨会，与会者都是在教学一线做出成绩的年轻教师，我们见到
了她。阔别几年真当刮目相看，新兰变了，变得活泼开朗，言
谈流畅。看着她在男生面前那喜笑颜开的样子，我非常感慨，
我知道，新兰是在心里战胜了自己，克服了自己的自卑情绪。
我不知道有什么外界因素影响了新兰，但是可以肯定，首先在
于她自己的努力，当需要建立自信的时候，对自己不断的鼓
励，叫自信恢复到新兰的身上。

　　女人还要有非同寻常的激情，男人需要这种激情。激情是
一种对生活、对人生、对事业的热爱，激情鼓舞自己的同时也
在激励和感染别人。在这方面，我们可以想到的好的例子，有
张海迪和桑兰，她们都因为自己的坚强、自信，非同寻常的生
活激情，获得了男人的爱情。对很多生活中的平凡女人，激情
是非常重要的，激情叫女人的状态极佳，从而识别男人的效果
更好。

　　缺乏自信的人会因为长久的自卑丧失机会，所以改变命运，打破封闭，自信是至关的重要。

　　很多年前我在学校教书的时候，有个同事叫刘华，她在学校食堂工作。刘华的父母都是残疾人，她从小生活在被人歧视的环境中，非常自卑。其实，我们都知道，刘华是个好女孩，虽然谦卑，却善良懂事，非常努力工作，辛勤做事，每天天不亮就起来，承担食堂工作量最大最累人的面食活计。我们每天三顿饭都有的热乎乎香喷喷的馒头花卷包子，就是出自刘华一人之手，这么能干辛劳的女孩，又非常自重和内敛，不多说话，总是低眉顺眼的，同事们都对她很有好感。虽然如此，刘华因为家境的特殊，到了28岁了，还没有结婚对象。那个时候，这个年龄确实很大了，已经开始有人给她介绍农村户口的，或者离婚的男人。我们都觉得假如接受这样的结果，刘华未免太委屈了。于是我们几个年轻人也到处给刘华找合适的男友约会见面，希望促成一门姻缘。我们找了几个，都没有促成，结果我们也很懊丧，刘华也遭受了几次打击。后来我们都没想到，一个跟我们学校后勤合作的食品公司的拉过货物的司机看上了勤快朴实的刘华，几次主动打电话约会刘华。没想到的是，小伙子几次相约，刘华都没有去见面。直到那个小伙子因为失望离去我们才知道是因为刘华的拒绝。我们听了，又生气又纳闷又遗憾，赶紧追问刘华缘由，终于刘华吞吞吐吐地对我们说了诸如自己家庭不好，自己不是正式工，长相不配人家之类的话。无论我们如何劝导，刘华都固执地认为，那个体健貌端非常正常的小伙子不会爱上她的。最后，她还是自我选择嫁给了一个二婚有孩子的男人。不久，我离开了学校，后来听说她也离开了学校跟她男人去做水果贩子，但是她的生活却越来越落魄了。有同事说，晚上看到她在街头摆地摊卖小玩具维持生计，还背着孩子，说她的孩子也有残疾，不知道她嫁给的那个男人怎么样了。我听了非常难过和怅然，刘华在学校食堂的时候，虽然长相一般，但是因为环境舒心，她每天都很快乐，脸色红扑扑的，笑起来两眼眯眯着，很好看，假如她不离开学校，或者嫁给那个喜欢她并且有稳定职业的司机，也许，她不会有这样令人叹息的命运。可惜呀，因为自卑，因为不自信，她也失去了一个好姻缘，失去了生活美满幸福的可能。

所以说，要改变自己命运就要先改变自己一贯的思维，不能自我设限。任何时候，任何场合，在一个女人释放个人能力的过程里，女人自身的魅力其实也在散发之中，而且正在凝聚和吸引你意料之外的很多男人的目光。

在图书馆工作的叶丽萍是个单亲母亲，虽然自己只有32岁，却因为带着一个7岁男孩生活，使重新组合家庭受到了一定影响。叶丽萍生性乐观，生活的坎坷并没有影响她的情绪，她人很自信，一点没有自怨自艾。有个男人以前和叶丽萍不熟

悉，一次来查资料认识了她，也知道她是离婚女人，所以，心态上自然叫这个男人对同样单身的叶丽萍保持距离。叶丽萍对这个在高校工作的男人有了一些了解后，觉得他的个人条件还不错，就想给自己一起工作的小岳介绍。岳灵灵没有结过婚，28岁的大龄剩女，自身条件很好，所以对男方要求很高。这个男人和小岳接触了几次以后，有些失望，小岳心性高傲，不够随和，遇事情爱钻牛角尖，还爱乱发脾气。很快，这个男人的心态发生了改变，渐渐地，对小岳有些若即若离，而对开朗热情真诚实在的叶丽萍却越来越有好感。叶丽萍很难为情，她之所以给小岳介绍这个男人，就是觉得自己的条件不够好，现在这个男人却转而对自己示好，她真不知道如何是好了。叶丽萍找个机会对这个男人说，我比你大三岁呢，还有个男孩子，从哪一条说，我的条件也不如小岳，也高攀不上你的，你要慎重考虑，千万不要草率。可是这个男人却执意要与小岳分手，要和叶丽萍建立恋爱关系。他说，我以前并不了解你，知道你离婚有孩子之后，对你还有点冷漠。这半年通过交往我觉得你才是适合做我妻子的那个女人，你性格包容，不斤斤计较小肚鸡肠，为人爽快，说话直接，我就喜欢这样性格的女人，在一起生活舒服，没压力，我也不是突发奇想一时心血来潮说这话的，我对你的好感也是一点一点聚集起来的，很长时间了，不好意思对你表白，现在终于有勇气说出来，因为我觉得，人也要对自己的真感情负责。

　　大大咧咧的叶丽萍获得了一份真挚的感情，不仅叫她自己意外，更叫旁人意外，也许那些人还在暗中思忖，这个离婚女人用了什么魔法，能把这个年轻有为的小伙子的魂勾走了呢。

11 你善意的抬举，对 男人是一种激励

我见过很多清高孤傲自以为是的女人，对男人的态度或是不爱搭理，或是动辄嘲弄，似乎总是高高在上斜睨于人的姿态。其实，这个女人不仅不了解别人，而且首先是自己并非做的就很好。自信的前提是先做好自己，先做到名副其实。平心静气想想，自己何德何才呢，怎么敢轻易就否定男人，没有原因怎么就认为男人不如自己可以小窥呢。任何女人都应该清醒地懂得自己的平凡和普通，也许你觉得你很自信和与众不同，但是，男人通过你的言谈表现，能够看到的只是一个狂妄无边的说话雷人的女人，那么你获得的除了男人的嘲弄和厌烦，更或者就是摒弃和远离。

在电视相亲节目《非诚勿扰》的某期节目里，有一个女嘉宾，言语很高调有自我炒作之

嫌，说出来的话很是雷人，出口就讥讽刚出场的男嘉宾"看着档次不高，不适合跟自己出席很高级的场合"，这样张狂的口气顿时使得主持人孟非和嘉宾主持乐嘉很反感，同时遭到两人的言语攻击。孟非反讽道"你出席的都是什么高级场合呀，国务院新闻发布会呀"。这个女嘉宾继续大放厥词"最近有个世界级别的会议，中国这边就我一个人代表出席"。乐嘉忍无可忍，奚落道："哈哈，是火星发来的邀请吧。"

我们权且不去讨论什么国际会议邀请该小姐代表中国去参加这个事情的子虚乌有，我们只讨论这个女嘉宾的态度惹恼众人的缘由，即使这个女人真的很优秀，真的能代表中国去国际参加会议，这样毫不掩饰狂妄雷人的说话方式，也会叫人对她不以为然，甚至嗤之以鼻。因为你自我认定的优秀大家没有看到，所以你的自信大家看来就是毫无理由，眼前大家所能够见到的就只是一个普通平常的女人而已。

尽管如此，这个女嘉宾还有机会展现自己的不同凡响，挽回败局，那就是继续表现自己，那就必须有她自己独到的想法和见解。但是，很遗憾，她的表现越来越衰，没有出现我们期待的任何思想闪光之处。

相反，在另一位有自我炒作之嫌的女嘉宾身上，由于她说话矫揉造作，嗲声嗲气，搔首弄姿，摇头摆尾，公众对她的反感和侧目已经达成广大共识，如此背景下，我们还是发现了她的知识底蕴和谈吐不凡，她有着不一般的对语言的理解力，突出的逻辑推理能力，抽丝剥茧有条不紊，循序渐进丝丝入扣，叫我们不能小窥这个女人的智商，甚至改变了我们最初对她的不好看法。至少我们看出，这个女人，是一个不断学习和思考的女人，虽然喜欢自我炫耀哗众取宠，却有一个自我学习的态度，这就很可爱了。与一个言语无趣，啰嗦乏味，一头雾水人云亦云的女人相比，这样聪慧的女人是有机会得到优秀男人的认同和好感的，当然前提是某一个男人包容和接受她貌似浅薄的外在表现。

要知道，女人的自信是建立在很好的智商和情商基础之上的，有智慧，有知识，有经验，并且虚心宽容，不狭隘自私，一定是一个有体恤心的女人拥有的。

我从前认识一个女人，是做药品推销的，就叫她小柯吧。她人很漂亮也很聪明，在社会上闯荡了很多年，很世故，也很有阅历。她有过几段感情经历，最终都没有善终。我们那时候不很了解她，还觉得很奇怪，她有才有貌还有钱，有房有车有事业，怎么老是遇人不淑呢。一次，我们几个人一起去酒吧玩，其中有个男人是市卫生局的中层干部，跟市里各大医院有一些关系，喝酒的时候，小柯就有意接近他。当时我们不知道小柯是出于什么用心，是想利用这个男人呢，还是单纯因为男女间的好感而靠近。后来他们之间关系如何，我们就不知道

了。过了一段时间，还是这几个人相约一起喝茶，小柯来了，那个男人也要来，并不是一起来的，我们并没在意，因为是我们有事情找这个男人。结果，当小柯听说还有那个男人来，立刻脸色阴沉下来，很不高兴的样子。等那个男人坐下了，没和我们说几句呢，不知道什么时候小柯出去拎了啤酒进来，非要和那个男人喝酒。男人觉得有正事，就拒绝了。结果，我们都没有想到，小柯突然把手里的废纸团丢向那个男人的脸，那个男人猝不及防，又尴尬又生气。没等待多长时间，就推说有事情，告辞的话都没说就走了。我们也很生气，觉得小柯实在过分，你怎么能想怎么样就怎么样呢，不管你俩有什么怨恨或者就是开玩笑，如此不能体谅和关照男人的情绪的女人，这一回我们算是见识到了，也难怪男人都逃离她而去。当然我们也很奇怪小柯的为人，上次见面和人家使劲套近乎，这一回却是侮辱和叫人家难堪，如此的反复无常其中必有缘由。但那是你们私下的事情，公众场合叫男人如此败兴，恐怕他们俩也就没有什么未来可言了。

一个女人持有的自信，却是建立在给别人造成压力的基础之上，无论男人还是女人，都不可能因为这样自我唯我的自以为是，对她产生归属感，要知道唯有相互的尊重才能产生相互的信任。

女人越是自信，越要更多地认可别人，赞美别人，认可和赞美也是对别人自信的鼓励。

我从前的报社有个女同事，因为漂亮，去基层采访的时候很得男人欣赏，时间久了已经养成恃宠而骄的脾气秉性，后来我们发现，假如酒桌上没有男人，她还像个正常人，而假如酒桌上出现令人瞩目的男人，她就像换了一个人，立刻如同被打了鸡血一样霸道张狂，绝对不允许任何一个女人抢了她的风头，如果哪个女人说了一句话，被那男人认可，她立刻掉头转向该女人，话锋里全是挑衅，一字一句全是挖苦和嘲弄，简直就不允许任何女人在那个男人面前说话表态，都权当自己是哑巴才行。

同事们了解她的粗鄙为人之后，都认为她的个人德行有问题，原来追随着她的几个男人也都躲着她走，太过尖酸刻薄的她最后落了个被众人不屑理会和处处遭到拒绝的地步，连采访都没有人愿意和她搭档一起去。也许她不会从自身找到原因的，悭吝对别人的认可和夸奖的人，她自己的心态一定也总是促狭和紧张不安的。

为什么人人需要赞美，是因为人人都有自卑情结。当然，赞美是以真诚为基础的，不是虚情假意阿谀奉承。赞美也需要技巧和方法，要善于观察，要对对方有准确的认识，赞美要适中不要夸大，以防引起别人的反感。

我听到过有的女人对男人非常肉麻的夸奖，有对上司的，

有对欲有求于人家帮忙的人的，因为不是出于本心，听着非常虚伪非常难堪，叫人浑身起鸡皮疙瘩，甚至叫人厌烦。反过来，我们不禁怀疑这个女人是否有一点点真诚在呢，她如此的言过其实是否别有用心呢。我也见过对男人夸奖非常巧妙和不露痕迹的，原因是她非常的了解对方的好恶，喜欢什么，讨厌什么，在乎什么，唾弃什么，所以正好投其所好，叫被夸奖的男人非常受用非常得意，非常爱听非常美滋滋，完全放松了戒备心，原来那么严谨的男人一下子成了一个无拘无束开怀大笑的老男孩。

在公众场合，对男人一点优点的肯定，可以减轻他的自卑感，会叫他感受到欢乐和温暖。比如男人身材不够高大，你就可以表示对他气质的欣赏；男人太胖，你可以说这样的男人有安全感。这不是虚伪的奉承，大家都会听得明白。你善意的抬举，会是对男人的一种激励，也是女人获得男人信赖的第一步。如果发现男人有什么毛病或者你觉得说话做事有不妥的地方，你可以寻找机会推心置腹地善意地指出男人自己没有看见的这些小瑕疵，用非常轻松幽默的话语，调侃似地点出来。你如此这般会叫他对你增加进一步的信赖，认为你对他的重视程度就是一种情有独钟。

男人女人在最初的相识中，是不设防的，是带着探寻心理的。所以，一句简单的似乎是不经意的赞美顿时会叫他的心情打开，缩短你们彼此相互的距离，这也是相互关系良好的开端。

当男人自卑时，女人一定用他的某些优点激励他；当男人失落时，就用鼓励的话语叫他恢复自信和自尊；当男人抵触时，女人可以尝试用认可建立双方的共同立场，减少对立。记住，经历了这一切的男人，一定会对眼前这个女人心存感激，内心里对她已经建立了美好的感觉。

12 自信的女人必须
言必信行必果

一个女人在别人面前表现得很自信，但是，很长时间却什么都不去做，或者什么也做不成，人们对她所谓的自信就会怀疑和否定。任何想法，只有付诸行动才是最重要的，不行动是没有任何结果的，顶多只是维持了目前的状态。

王佳慧和赵书眉是河北某大学的同学，两个女生都来自河北农村，毕业以后，没有回去而留在了省会石家庄。俩女孩关系很要好，王佳慧比较自信，爱畅想未来，总是爱信誓旦旦地表示自己以后会做成大事。而赵书眉则憨厚朴实，不爱多说话，对未来设想不多。起初她们一起租了房子，想白天打工晚上学习一起考研究生和公务员。结果两年的时间过去了两个人都没有考上，商量以后，俩女孩又决定继

续努力，再给自己一年时间看看结果。这第三年，情况有了变化，王佳慧在超市做收银员，站一天非常累，又有了一个男朋友，所以，她渐渐对学习失去兴趣，也没有信心考研或者公务员了，不久王佳慧就和男友同居了。看到沉迷小家庭温暖幸福的佳慧，赵书眉曾经也试图提到她们共同的抱负。但王佳慧却说，自己不考研究生和公务员，是因为觉得自己一个农村出来的女孩，渴望那些得不到的不现实，还不如走找个男人做依靠或者经商赚钱的路子。失去同行的伙伴赵书眉感到了失落，看到王佳慧把对未来的希望寄托在那个男人身上，她并不能认同。赵书眉知道自己以后就要一个人努力了。她白天在一家服装店打工，空闲时间就是学习。收入低微，枯燥而乏味的生活，很多次令赵书眉想过放弃，也想找个男人，找个依靠。有时候和王佳慧说起这些，两个人一起一直是王佳慧做主并且比较有主张的，赵书眉只是附和。这一次，赵书眉觉得，王佳慧的话不着边际了，什么以后找有钱男人养着之类，光靠凭空想象，就是瞎扯，整天幻想遇见个有钱男人，然后自己就不劳而获，或者今天想干这个，明天又说干那个，结果一点动手的意思都没有，这样下去是没有结果的。最终赵书眉觉得，骑白马的王子是可遇不可求的，靠谁也不如靠自己。她继续努力，终于考上了中央财经大学的研究生。三年以后，研究生毕业的她经过层层筛选应聘到了北京一家银行工作。很快又被选派国外学习培训，回国以后很受重用，加盟了一个投资项目的前期开发工作。

赵书眉早已经脱胎换骨，不同以往。得到了现在的成就，正因为她坚持了不能停止一定要行动这样的信念，才极大激发了她的内在潜能。

而王佳慧因为没有行动，就不会有满意的结果。赵书眉做到了部门负责人的位置，后来因为结婚回家休假去看她时，看到她还是老样子，已经生了孩子，除了为孩子和未来的生计发愁，没有任何像样的事情发生。赵书眉看着她凌乱清寒的家还有衣衫不整的王佳慧，想起从前那个充满激情的女伴不见了，不知道说什么好，王佳慧见到事业有成的赵书眉，却一个劲地抱怨说，全怪自己跟错了男人闹的，是那个男人把她耽误了。

赵书眉非常感慨，以前她光会夸夸其谈，现在又只会抱怨别人，却仍然不去行动，时间久了，她肯定就会失去别人的信任和尊重，所谓的自信就成了志大才疏，好高骛远，自欺欺人。

自信的女人做事情一定是当机立断，迅速决策，并且迅速行动，不优柔寡断患得患失。在一个需要判断的事件面前，你只消考虑到伴随着事件的负面的影响会不会存在，会影响到自己什么，如果能够做出否定的判断，就应该赶快进

入角色。所谓遇见事情，就需要考虑到最坏的情景出现，一旦出现你将如何应对，如果你有自信和把握处理好这个结局，就应该果断地行动。

萧琴15年前从外地来到石家庄自己创业开装修公司。萧琴是学美术的，虽然公司前期没有多少流动资金，但靠自己的专业技能很快也打开了局面，开始有了生意。创业很艰难，萧琴起初就住在公司，生活较清苦。为了有个温暖的家，有个落脚地，叫自己的心不再漂流，萧琴打定主意尽快买套房子。那是1995年，购买商品房还没有按揭贷款这一说，萧琴手头只有8万元，可以支配买房。萧琴托了朋友，很快在城郊以每平方米760元的价格买了一套没有房本的小产权商品房。住了四年以后，萧琴以12万的价格把房子卖给了村里人，又迅速出手15万元在市中心购买了一套110平方米的商品房。五年后，这套房子以30万的价格出手。此时已经到了2004年，城郊的预售房的房价已经跃升到了均价2300元。很多人担心这个价格过高，不敢轻易出手买房。但萧琴却觉得2300元这个价格不高，很合理，毫不犹豫购买了两套160平方米的房子。到了2010年，这两套房子的价格已经攀升到每平方米6000元以上，如果出售这两套房子萧琴可以净赚100万元以上。

很多人只看到萧琴的财运，却没有看到她的成功源自她对市场准确的判断和果断的做事风格。1995年购买小产权房的时候，也是遭到反对的，因为没有房本、没有安全保障、以后不能上市销售等原因，萧琴却事先已经做好打算，就是短期之内出售给那个村里的人，所谓小产权房子不能出售这个负面影响就不会发生。四年居住，等于省去了2万元的房租，出售房子又赚了4万元。房子卖掉不久，那个村子就做出决定不允许房子出售和换名了。萧琴的当机立断使她免去了很多不必要的麻烦。2004年，购买城郊房子的时候，很多人挑剔那里距离市区太远并且房价太高，犹豫再三，他们还把预定了的房子退掉了。萧琴却非常坚定，因为她意识到这个城市的发展脚步肯定会越来越快，城区的拓展道路的伸延是必不可少的。果然，就是转眼的瞬间，那个几年前还被大家认为是远在城市边缘的地方，如今已经成为不可多得的城市主干道边的优势地段。没有买上这里房子的人都很后悔，还有人又多花了很多钱购买了这里的二手房。

萧琴买房子的故事，从表面上看，就是一个从赚4万元到赚100万元的故事，深层的道理却是告诉我们，在这个世界上，和你一样有思想准备的人很多，只是看自信的程度，出手的速度而已。很多机会就是在犹豫中失去了，敢于决策比善于决策更重要。

还有无比珍贵的坚持。很多人因为做不到坚持，在最后

的成功到来之前，已经遗憾地离开了，这就是心理承受力的问题，在富有挑战性的困难面前，更多的人往往选择寻找借口，使得自己还能心安理得的离开。

在北京做教育培训的公司很多，虽然有市场，但是竞争很激烈。29岁的女孩季亚林跟同事钟汶都想在这一行业淘金，于是一起开了一家教育培训公司。两个人并不是情侣关系，只是以前同在一个公司做事，比较合得来而已。钟汶的妻子开了一家做药品经销的公司，生意不错，再加上他自己有一些积蓄，前期资金需求主要来自他的投入，而季亚林本身并没有多少钱做成本，因此公司的业务开始主要靠钟汶的财力支持。

起初，因为公司没有经验和关系，根本没有任何业务可做，招聘了一些业务员出去散发传单、宣传册，不仅没有人找上门来咨询，最后连业务员的工资都难以支付，还因为拖欠员工保险几次被人家告上劳动仲裁部门。

钟汶和季亚林之所以选择做教育培训，是因为听说和看到一些这样的公司做得很大很好，没想到自己进入这一行却处处出现难题，意识到自己因为实力的悬殊需要很长久的努力付出才可能成功。这样的残酷现实使钟汶和季亚林两人就未来公司的发展发生了争吵，两个人的意见有了分歧。因为继续做下去还主要靠自己一个人的资金投入，妻子早有意见，而且也确实在短时间内难以看见希望，钟汶因此退缩了，离开了公司。剩下季亚林一个人独自支撑惨淡的公司。

季亚林认识到公司之所以没有发展，是因为没有任何优势超越别的培训公司，资质能力、人脉关系都很欠缺是自己公司得不到发展的最大障碍。绞尽脑汁之后，季亚林忽然想到自己的大学女同学苗栗是一个畅销书的作者，还是一个大学客座的心理学咨询师。灵机一动，季亚林找到同学苗栗，两个女人一起商议做大学生情侣关系认知教育培训项目。这个项目乍听很搞怪，其实很新颖很前卫，很适合当代大学生探求新奇追求稀缺的心理。一周的时间，季亚林和公司的业务员奔波在北京20多所大学散发宣传册。在寒冷的大风中散发资料的时候，季亚林还恰巧遇见了开车经过的以前的同事，她却一点不在乎他们奚落嘲笑的目光。半个月后正式开课，小小的租住教室聚集了将近三十人。看着台下认真听课的人们，看着台上侃侃而谈的苗栗，季亚林的心里别提多么开心了，她终于开张了，而且开张大吉，三天的培训项目结束，去掉先期投入成本，去掉员工工资和苗栗授课费，公司净赚了8万元，还为合作者苗栗制造了签名售书的大好机会，扩大了她自己和书籍的影响。季亚林长舒了一口气，她觉得她孤独的坚持终于有了回报。

自信，实际上就是更大的忘我。忘掉自我，正视自己，

不以物喜，不以己悲，荣辱不惊，举重若轻。坚持，其实是最难做的事情，坚持的对手就是时间，时间自然是会稍纵即逝的，你所拥有的优势却是不会消失的，成功所需要的的，就是你的坚守和恒心。

13 识破那个男人
多变的心

　　有时因为质疑，需要在你识别一个男人的过程里，不断增强男人对女人需求的敏感度的认识，这个过程中女人自身思考力度的增加，也会使你对人性的本质有更深刻的认识。

　　魏华在一家广告策划公司做事，她是个单身母亲，很能干，担任着这个公司的策划总监职位。有一次因为一个业务的合作她认识了电视台广告公司的部门主任高云申。高云申40多岁，也是离异，得知比自己小5岁的魏华也是单身以后，态度比从前更是殷勤，似乎在有意接近魏华。魏华其实也很看好高云申，她离婚已经4年，期间也试图再次建立家庭，但却一直没有找到好的结婚对象。高云申岁数不算很大，外表也不错，更重要的是，电视台工作既稳定又叫人羡慕，收入还很高，假如自己能和他重新组成一个家庭，无论是拿他和从前在企业上班的平庸前夫相比，还是为了自己以后生活得更好，孩子有个经济宽裕舒适的生活，都是很叫魏华期待的事情。因此，魏华也很自然的主动靠近高云申。她觉得，自己不是没有结过婚的女孩子，不用特别矜持，相反，为了表示自己的诚意，还主动在业务合作过程中帮助高云申，平常言语接触的时候，也或者暗示或者比较明白地表达着自己对他的爱慕之意。魏华觉得自己比高云申小5岁，人还算年轻漂亮，经济条件也不错，而且双方业务关系比较密切，几个月来相互地来往也能加深他对自己的了解和好感，她也知道，虽然自己有女儿带在身边，但是男方也有一个男孩，比自己的女儿大4岁，只是离婚给了女方抚养。看这个男人的态度，他似乎挺喜欢自己的，假如他不嫌弃自己有孩子，自己应该是个与他建立家庭合适的对象。

但是，起初表面上似乎对魏华很有好感，明显有追求意图的高云申，渐渐的态度模糊起来。除了为了表示感谢业务合作中魏华的大力协助，在请包括其他同事在场吃饭的特定场合，做出和魏华关系暧昧的样子外，其他的时间他并没有单独约会过魏华。有时候魏华故意探问他对自己的具体想法或者想单独约会，高云申总是模棱两可闪烁其词，似乎在逃避魏华的感情付出。

　　魏华非常困惑。想来想去，还是觉得高云申做为条件优越的单身男人，可能选择的余地很大，对自己还没有到情有独钟的地步，假如自己非常情愿，是否应该更加主动才能表达出对他的心思呢。但魏华也知道，对于这个男人，自己做为一个事业有点小成就的女人，仅仅付出感情或者身体都不够，拿这点付出和如今感情开放的小女孩比，自己毫无优势，那么付出金钱呢，自己自然比一般收入微薄的小女孩有优势得多。但是，这个男人一会靠近，一会远离，貌合神离若即若离的态度，叫魏华无所适从。魏华反复掂量，还是情愿在高云申生日的时候，给这个自己怀有好感的男人一些能表白自己心迹的礼物馈赠，看看这个男人持何态度。魏华在商店精心挑选了一块精美的手把玉，8000元的价格，经过思忖再三，这礼物应该不算昂贵也不算便宜。要知道，高云申从没有送过魏华任何有特殊意义的礼物，只送过一套安利套装化妆品和两罐纽崔莱健康饮品，魏华还因此怀疑过他是不是参与了传销呢。

　　高云申见到魏华的礼物，做出很惊讶的表情，似乎是有一些感动的，当然是魏华自己觉得。那天晚上，两个人一起吃饭，去了酒店有了一夜情。之后魏华觉得，两个人不是小孩子，既然相互不反感，应该努力走到一起，她觉得高云申也应该这样想，如果他不这样想，那天他为什么要和自己在一起呢。

　　这件事情过了没几天，有一天的下午，魏华办事回来，经过停车场，偶然看到高云申的车停在那里。欣喜的魏华以为高云申来找自己，赶紧上楼，却没有看到高云申的身影。等了一会，快下班了还是没有他的动静，沉不住气的魏华很奇怪，就打电话给高云申，想问问他在哪里。结果，高云申竟然处于关机状态。魏华更加奇怪，他的汽车还在停车场，他的人却不见，而且电话关机，怎么回事？突然，一种不好的预感充满魏华的心。

　　其实一直以来，就算魏华不算太敏感，凭女人的直觉，魏华还是发现了高云申行为的一些端倪，只是，怀着美好憧憬的她不愿意接受和相信而已。魏华所在的广告公司，虽然表面上是一个普通的私营企业，其实，只有了解底细的人才知道，女总经理的老公是这个城市某个区的领导，所以，公司与其他同类公司相比，自身的份量和优势就不言而喻了。高云申肯定非常清楚，就是以前不知道，魏华话里话外也早就告诉了他。当时跟他说的目的，还是为了炫耀自己公司的特殊和不同寻常，没有想到的是，高云申借着魏华的介绍，很快和女总经理本人熟络了。有过两次，魏华看到高云申从女总经理的屋里出来。当时，魏华一点没有想过高云申说跟女总经理谈谈合作项目的解释有什么不对劲。想到这里，魏华真想到女总经理的屋里看看，高云申是不是就在那里。当然这是不可能的，为了证实自己的判断，不肯罢休的魏华把自己屋里的灯关掉，然后，就坐

在昏暗的屋里，耳朵听着已经寂静了的楼道里的动静。

真叫魏华猜中了，半个小时以后，她听见女总经理的房门打开和关闭的声音，魏华不敢出声，在黑暗里站在窗户一角，不一会她就真的看到了出现在停车场的人影，接着高云申的车灯亮了并且迅速开走了。

之后，魏华再三犹豫要不要和高云申摊牌，是选择无言的离去还是再争取一下他的感情？女人一旦愿意付出感情，真是自己不能说服自己，魏华给高云申打电话邀请他吃饭，没想到高云申很痛快地答应了，这和魏华的判断有了出入。她不知道高云申怎么打算的，女总经理是有夫之妇，而且丈夫是有权有势的人物，她不可能放弃家庭放弃自己的男人屈尊委身与他——尽管这个男人小她6岁，尽管这个男人身体强壮。魏华不愿相信，高云申也肯定不会有这样的幻想，要知道，这个女人50多岁不说，没了丈夫的靠山，就什么优势都不存在了。

那天的谈话，高云申很赤裸地说出了他自己的真实想法，也许是魏华的诚恳叫他觉得没必要欺骗这样一个善良的女人吧。他告诉魏华，他其实是喜欢和尊重魏华的，但是喜欢归喜欢，尊重归尊重，他这个岁数了，不是小男孩，也应该实际点，魏华对他未来的生活起不到什么作用，他已经不需要魏华这样的女人了。他承认他接近女总经理的目的，是为了利用她，需要她出面在她老公那里给自己的一个亲戚谋职，这件事

很重要，任何人帮不了自己了，只有这个女人能做到。他这样
无懈可击的托词，几乎叫魏华无语，魏华哭了，没有任何怨
言，只问高云申会不会和自己结婚？

　　高云申没有表情地看着魏华，终于艰难地告诉她说，自己
已经有了谈婚论嫁的女友，是个28岁的大学老师，没有结过
婚。魏华听了，当即质问高云申，你不是说不需要我们这样的
没背景的女人，像我们这样的女人对你没有用处吗？高云申听
了，一副觉得魏华白痴的冷漠神情，他肆无忌惮地说，魏华，
你是真傻假傻呀，你不知道男人也想过几天顺自己心思的日子
吗，毕竟人家年轻呀，比我小15岁呢，看着人家我的心情都年
轻呀。魏华嗤弄道，你现在顺心如意了，想没想以后，她到你
这么大的时候，你已经60岁了，老头子了，你不怕戴绿帽子？
没想到高云申听了魏华的话不仅不生气，反而冷笑，他突然探
身过来，凑到魏华眼前说：女人要给男人戴绿帽子肯定不仅仅
就男人比她大15岁这样一个理由吧？

　　魏华因为这件事情，内心发生了很大变化。虽然也受到了
一些伤害，但留在内心更多的，是对男人识别的时候自身敏感
度的增强和更多的人性认识。其实，在高云申感情若即若离，
态度发生变化的时候，魏华是有所察觉的，当他接近自己的时
候，正是双方业务合作需要魏华大力协助的时候，他故意做出
的暧昧姿态，目的就是欺骗魏华做出错误的判断，以至于魏华

的付出增加了感情的筹码。当他知道女总经理有更大的利用价值，立刻想办法接近，利用女人感情的空虚寂寞迅速将其俘虏，并且为他所用。魏华发现自己之所以判断失误，是因为遇见这样的男人，内心受到很大的滋扰，因此造成自己一味主观认为，高云申放弃自己投奔女总经理是他误上贼船，还替他顿足难过，其实，她从来没有想过，这件事情本身无所谓好坏，就是男女间的互相利用而已，他们之中的任何一位也没像魏华想的那样较真。魏华愤怒的缘由是因为她自己给这件事情定义了好坏而已。一个人因为发生一件事情所受的伤害，不如她对这件事情的看法对自己的伤害更深。

所以，一个女人在感情善变的男人面前，任何时候都要控制住自己的情绪，随时主动调整自己。这是一种修炼，女人要学会随时给自己的潜意识一种光明积极的暗示，就会少掉很多烦恼。没有男人有权利叫女人随时快乐或者愤怒，除非你给男人这个权力惩罚你自己。

14 吝啬自己感情的付出，最终失去男人的爱

　　"我想找个疼我宠我的男人。"这句话很多次被相亲节目里的女孩做为口头上的衡量标准被提到。在我听来，这句话是那么天真可笑，如此缺乏智商含量，即使是得到了男人的肯定答复，也是如同面对一个撒娇稚童的轻飘允诺，他的应答肯定是无需深思熟虑的。为什么女人是如此喜欢放弃主动权，把自己当成小孩子的角色，被动地把自己的感情全部依赖于男人身上？要知道，这是非常危险的事情。

　　一些女人在选择伴侣的时候，希望找成熟稳重的男人，这样的女人往往是一些缺乏主动的女人，因为这部分女人对外界的认识缺乏安全感和认知度，对自己缺乏自信。这样的女人对外界的事物缺乏自我的思考力和判断力，心情的好坏，建立在她所信任和依赖的男人对外界的认知程度上。我见过很多这样的女人，一旦生活里有了男人，张嘴说话，言必称我老公如何云云，似乎自己的双眼和大脑对世界无需观察和思考，只要拷贝复印男人的言语就够了。女人在不自觉间被男人洗脑被男人控制，成了有头脑的脑残和有四肢的智障，遇见有责任心好人品的男人，也许就当养个没有长大的孩子，宠护和疼爱也是她的万幸，但假使遇见的是没有责任心人品拙劣的男人，那么，女人将会遭受到很大伤害，甚至受到这种男人的不良影响，贻害终生。

一个一天到晚总把男人的话做引子和别人谈话的女人，在别人眼里，除了表现出你自己没有思想缺乏主见之外，也暴露了你在婚姻爱情生活里对男人感情的依赖和被动。但往往这样的女人还自恃有男人的宠爱，自己就可以如此风平浪静没有任何危机地生活下去。

慧丽上大学三年级的时候，追求她的几个男生里有一个是个大学老师。慧丽那个时候并不成熟，也不晓得自己爱不爱那个老师，但是觉得作为老师，肯定是比同学们有阅历，成熟，有社会经验，而且被老师追求很荣耀，就接受了那个男人的爱情。上学期间，老师生活上很照顾她，两个人恩恩爱爱的，同学们都很羡慕她，这极大地满足了她的虚荣心。到了毕业的时候，慧丽没有急于找工作，她以为大自己7岁的男友应该为自己安排好以后和未来。但是，没有想到的

是，那个男友说可以帮助她留校的计划泡汤了，慧丽非常失望，看着同学们都先后找到了合适的单位，更是把焦躁郁闷的火气撒到这个男友身上，逼着男友给她想办法留校工作。其实，慧丽很幼稚单纯，并不知道仅仅凭借男友的努力根本不可能办成留校这件事情，她只是觉得男友既然对自己承诺了，就应该办成，否则就是对自己不够爱。最后，能不能办成留校，成为考验男友感情的筹码。可以想象男友拼了多大的力气，那时候，他也只有25岁，没有什么社会关系，完全靠自己软磨硬泡厚着脸皮，终于找到了一份叫慧丽先到附属小学代课的工作。帮忙的人说以后会有机会进入编制，会有转正的机会。期待的落差，叫慧丽的情绪一落千丈，但是，没有选择了，她只能先去那个小学上班。对于这个得来不易的工作机会，慧丽并不珍惜，却常常因为任性惹事，同事间关系很僵。男友这期间一直在做研究生的论文答辩，非常忙碌，无暇顾及女友心头的不快。慧丽就觉得，男友对自己不关心，不够爱，一气之下不辞而别跑回了老家。惊慌失措的男友在论文答辩之后，连夜坐火车去慧丽的老家找她。终于说服她回来，但是因为耽误了几天课程，小学方面非常不满，又是男友几次硬拉着慧丽登门拜访，向校长道歉解释。

故事讲到这里，我们的感觉可能会局限在慧丽的任性幼稚不懂事理上，觉得这个女孩是如此的不可爱，非常的麻烦，可能还会觉得这个男人找了这样一个女友很可怜。

其实，慧丽曾经是个聪明的女孩，也很能干。在不认识这个男友之前，慧丽也和女同学们出去做过家教，在展览会做过礼仪小姐，自己赚钱以后，暑假还和同学们一起去外地旅游。慧丽曾经想考研究生，因为她也知道，本科很难找到像样的工作了。从一年级到三年级，她一直在做着这样的准备，直到认识大学老师身份的男友，一切才全都发生了改变。慧丽在和男友接触过程中，情不自禁对男友产生了极大的依赖，渐渐放弃了自己的很多追求和爱好，基本就是和男友黏在一起，很少参加学校集体社团的活动了。如果没有这个大她7岁的男友，慧丽不会是现在这个样子，她会很独立，也有自己的主见，肯定要坚持考研究生，或者去任何单位求职，她也不会畏缩。但是，因为对这个男友的期待，她不由自主地退居了二线，她自己身上的很多优势和才能完全被遮盖掉了，而且因为工作生活上的不顺心不如意，把她性格人品上很多的缺点和瑕疵放大了。

结婚以后慧丽很快有了孩子，本来对工作就不上心的她把注意力全部转移到家庭和孩子身上，慧丽觉得，都有孩子了，自己也没有什么指望了，以后反正有老公养着。但做为丈夫的男人，此时因为工作成绩的突出，得到了提升的机会，正是志得意满踌躇满志的时候回到家里，与妻子已经没有了共同语言，也许

因为事业得意或者感情失意，不久，他与一个年轻女同事发生了婚外恋，导致了那个女孩怀孕。这个丈夫几经考虑的结果，是放弃慧丽和年仅两岁的女儿，投入另一个女人的怀抱。

对于慧丽来说，尽管这个男人她曾经很多次表示不满和怨恨，但究其内心，她是非常依赖他的，她从来没有设想她的感情世界和未来的生活会失去这个男人，这个被她呼来喝去的男人，竟然有了第三者，而且有了他的孩子。这真是不啻于晴天霹雳的巨大打击。走过那段不幸的慧丽后来回忆说，那一段的灰暗生活对于她简直没有了生活的意义，她很多天躺在床上只是流泪哭泣。期间也曾经渴望听见熟悉的脚步声，盼望那个男人回心转意，从夏天到冬天，时光在她眼前流逝着，慧丽很多次站在窗边，心里的郁结难以打开，忽然有一天，她发现绿葱葱的梧桐树不知道什么时候已经披上了银装，再回转身看到床上伸着小手玩耍的孩子，慧丽一瞬间从虚幻的梦境里脱身出来，她终于看清了眼前的现实，自己还不老，还很年轻，孩子还很小，非常需要她，她必须摆脱对那个背弃男人的思念和依赖，从现在起，她要事事靠自己，努力工作，养活自己和孩子。

恢复了理智的慧丽没有继续感叹命运的不公，相反，她也反思了自己在婚姻中责任的缺失。她觉得，正是由于自己对感情付出的吝啬，最终逼走了丈夫，回顾几年的感情生活，其实对于那个爱过她的男人，她又曾经给予了人家什么呢，既没有

122

生活的关怀和体贴，也没有事业的帮助和理解，可能所有她对
他的依赖对于那个男人来讲，也仅仅成了渴望甩掉的没有任何
价值的包袱。

15 把女人受到的伤害
降低到最小程度

　　生活在这个平凡世界里的任何女人，都
有可能遇见伤害自己的男人，其实这是很寻常
的事件，也没必要唉声叹气怨天尤人，这个事
情非常普通，只是落到我们自己头上而已。或
者在工作交往中或者在感情生活里，我们会与
很多种类型的男人狭路相逢，不是所有男人都
很侠肝义胆重情重义。记住，男人两个字，在
这里仅仅是田里的劳力而已，就是一个与你无
甚关系的陌生人，不代表因为他是男人的性别
身份，就必须要给女人宽厚的支撑、包容的理
解。男人跟女人一样，也自私，也狭隘，也偏
执，也沮丧，也恶毒，也欺诈。在这里，上帝
造人的时候，没有任何偏颇。

　　我曾经见过修养极差的男人，在公开场合
对女人恶语相加迁怒攻击，触目惊心的情景叫

我们看到了这个男人非常可鄙下作的人品；我也见过非常龌龊不堪的男人为了掩盖自己工作的失误，暗中鬼祟嫁祸于女人；还见过貌似宽厚善良的伪君子假意关怀女人其实是为了达到占有女人的丑恶目的。你绝对难以想到，很多惺惺作态假作憨厚的男人，他亲切的笑容背后却包藏伤害你的祸心，就是一个十足的伪君子、真坏人。

法制频道曾经播过一期节目，是一起骗子以邻家大哥的亲切形象做为包装蒙骗女人的典型案例，我们可以由此解析男人伪善的欺诈性有多么可怕。

这是个三人组合的犯罪团伙，诈骗犯A实施主要犯罪行为，另外两个B和C进行配合他。

A在一些公开场合选择女性，完全选择40岁以上外表看上去经济条件好的中年妇女。和某个受害人林某初次见面，是一个公开场所的舞会，A出现在林某身边，表现得和蔼可亲彬彬有礼，邀请林某跳舞之后，非常有礼貌地给林某买来矿泉水。林某打量着话也不多说看上去就像邻家大哥一样的A就有了好感。A对林某说，他是出差到这个城市偶然经过这里，本来就是来看个热闹，看到林某就突然起意想跟她跳一个舞，还说，他明天就走了，如果愿意两个人可以留电话，下次来这个城市的时候，再一起相约跳舞。林某不好拒绝他的好意，于是双方留了电话，那个A就离开了舞场。之后，A总是在合适恰当的时候给林某发来短信问候，有时幽默有时抒情，很叫平素生活乏味的林某开心。接着，A再次出现了，说刚下了飞机，邀请林某吃饭。林某听说他刚下飞机就要见到自己，很是感动。A找了一家很有情调的餐馆和林某见面，看到仿佛刚从机场出来的A，林某的心有点慌乱。借着酒力，A诉说了自己婚姻的不幸，以及见到林某以后难以抑制的渴望和冲动。之后，林某没有任何拒绝跟着A进了旅店。有了那一晚之后，林某对A的感觉发生了改变，开始变得魂不守舍，寂寞无聊的中年女人的激情被男人点燃了。这个时候，A却突然很长时间没有出现，只是在电话里诉说着对林某的思念之苦，当林某因为思念A不能自持的时候，A再次因为出差来到这个城市，出现在林某面前。他告诉林某，自己这次来是做一个很好的项目，投资少见效快，转手就翻番。两人吃饭的时候，A的手机响了，是B打来电话，A当着林某的面，跟电话里的B说，手头的货没他要的那么多。放下电话，A告诉林某这是要货的人，可是自己没有准备那么多货，还说真是遗憾，转手就赚到的钱就白丢掉了。接着，两人又去一家咖啡馆小坐，因为A说，一会送货的人要来和自己见面。果然，C出现了，当着林某的面对A说，你真有福气，我这里正好还有多余的货品，如果你要多要也可以，现在要货的人很多，明天就没准了。A赶紧说可以要货，但是手头没有现钱，需要回去打款过来。C就不同意。这时

候，看到A无措着急的样子，林某说话了，她忐忑地说，自己可以拿出点钱。C听了，还假装谨慎地打量林某，一副不信任的样子。A赶紧解释说这是我的朋友，你可以信任，她拿钱自然赚钱也有她的份。第二天上午，林某没有和家人说就把10万元的款打进A告诉她的账户。

当然结局就是，林某再也没有见到A。

诈骗分子A后来被捕以后，回答了警方关于作案细节的有关提问，透视出诈骗分子对女人内心世界的敏察和洞悉，非常耐人寻味。A回答为什么会选择欺骗40岁以上的女人，他说，20多岁的女孩没有钱可骗，30多岁的女人结婚不久刚有家庭和孩子，不会对他这样的男人感兴趣，只有40岁以上的女人，一般在家里管钱，孩子不在身边，跟老公交流很少，又处于感情枯燥寂寞的时期，最容易上钩。说到他的步步设局，完全是根据女人的心理安排设计的，先是树立一个美好的邻家大哥形象，有着非常得体的穿着和礼貌的话语，并且不要多说话迅速离开，以防女人接触多了有敏感和警觉。第二次见面，是假装才下飞机，这样的热忱和真诚姿态叫女人有了感动。之后就是用与女人发生肉体关系的办法叫女人对自己产生牵挂和留恋。然后，欲速则不达，故意叫饥渴的女人煎熬数日，叫她神魂颠倒，失去理智。最终完成了一场成功的骗局。

据警方说，案件告破以后，也留给警方很多没有想到的尴尬，就是在取证的过程中，好几个受害人不愿意出庭作证，因为害怕家人知道丢脸，而这也正是A频繁作案屡屡得逞的缘故。

我们讲这个故事，并不是要讨论女人宁肯选择失财也不要丢掉面子的话题，而是跟所有的受骗女人说，我们理解你们的苦衷，的确骗子是防不胜防的，我们只消引以为戒，下次不犯同样的错误就足矣。当一个男人接近你的时候，不管他以何种借口出现，你都需要提醒自己，多问几个为什么。我们也没必要过多的责问自己的过失，因为过多的自责同样会伤害我们自己已经被男人伤害了的内心，毫无益处。

谈到当女人受到伤害的时候，如何用理智战胜情感，克服伤害，做到容忍。我曾经亲身经历过一件事情，故事中男人与女人的表现叫我感慨颇深。故事的情节是这样的：

男人有心想和女人分手，但是还是担心女人难以接受，所以不好把话直接说出口。男人用了两个办法摆平这件事情。他先是采用敲山震虎的办法暗示女人，给女人讲一个类似的事情，看女人的态度。在这个故事里，男人把眼前女人的毛病都冠在故事里女人的身上，并且趁机表白说，假如自己是故事中的男人，他会做出分手的决定。

我当时就在场。听到这个男人编撰虚构的这个故事，我敏感地意识到他的动机所在。可是我不知道那将被离弃的女友是否感觉到了什么。看到他的女友没有什么反应，这个男人似乎

安然了。接下去，一切无恙。男人继续察看女友的动静，并没有觉得有什么异样。

第二次，男人因为早已经做好打算，决定孤注一掷跟女友摊牌。他还是没有采取直截了当的办法说出来。这一次，他故意带来一个女孩配合自己行动，即不用任何言语，而是用行为告诉女友，我已经开始了新的生活，你我的事情已经是过去时。

这一次我也在场。说实话，当我看见这个男人领着一个娇艳的女孩进来（这女孩肯定是不知情的），当着前女友的面大晒恩爱的时候，所有的人包括我都尴尬万分，不敢看那女友的脸色。

我真是佩服这女人的胸怀，当我们还处于局促不安的情绪里的时候，她却大大方方地站起来，跟那个新女友打招呼，并且称赞她的美丽，还笑吟吟地招呼那个男人一起举杯，三个人同饮。在那一瞬间我看到那个男人的紧张和心虚，汗顺着脑门淌下来，这个女人微笑着递给他一张面巾，脸却看着他的现女友，说：你看他热的，你要不在场，我真想给他扇扇扇子，你在就算了，扇扇子的任务就交给你啦。当时，她的话叫大家如释重负哈哈大笑，在笑声里那个男人也释然地郑重地举起酒杯，站起来对着这个女人，一饮而尽，女人也站起来什么话都没说，喝了一杯酒。所有知道内情的朋友齐声喊好，既是对他们以前美好感情的缅怀，更是对一段感情结束时候，双方理智克制的态度表示的赞许。

是的，这个女人容忍了那个男人的背离，也给足了他在新女友面前的尊严，那个男人原来带新女友来的目的，是为了告知前女友，等于向她宣布自己已经做出分手的决定。但是，明知道男友是在用行为而不是用语言来向自己告别，这个女人还是设身处地为他着想，并且迅速调整好自己的心态，控制住了自己的情绪。要知道，这个时候处于情感激烈状态的女人是会丧失理智的，是会自我夸大伤害程度的，后果是不堪设想的。但是，这个女人用宽恕和理解，理智和尊严告别了这个男人，留下了叫人敬重和慨叹的背影。

当然，我们所称赞的克制和宽恕，并不是一味的忍耐男人。在我们所有的负面情绪里，最难克制的就是发怒，愤怒的情绪往往叫人失去理智，出现难以想象不可收拾的局面。忍耐只是现场强压制自己的愤怒情绪，没有当场爆发，而控制住自己的情绪适时地调整自己的情绪，则是适应已经发生了改变的环境变化。这个女人已经完全意识到眼前所发生的一切，就是那个男人铁了心离开自己，她看清了这个事实，并且知道无可改变。其实上一次这个男人的旁敲侧击，她已经有所悟觉。这一次的宴席到来之前她早已经有了心理准备。她现场说的那些话，不是自我压抑，而是真实的释放。人遇见糟糕的事情的时候，会本能地按照自己一贯的固定的思维模式去延续这件糟糕

的事情对未来的坏影响，比如他离开我了，我生活就没有意义了之类。此时，要迅速调动内心的积极因素，阻碍这些对自己情绪、行为产生不良影响的坏念头，告诉自己淡定从容，任何男人给我们生活掺杂进来的不如意、不顺心，都是生活中的小插曲，给女人这棵绿树提供的只是茁壮成长的肥料而已。

16 放弃和原谅，令女人获得真的快乐

为什么有的时候，我们会在一张笑靥如花的美人脸上看到那背后还隐藏着一些忧郁和哀愁，为什么眼前的欣喜和愉快没有叫她的心真的欢畅起来？为什么她时常情绪落寞，时常独自郁郁寡欢？

女人不能释怀从前的恋情，对那个男人纠结于心的缠绵情绪常常使她神思恍惚。尽管事情过去了很多年，却因为她已经养成了动辄在情绪动荡的时候，就会情不自禁令这件悲苦的往事袭上心头的习惯，对那个男人的思念已经转化成类似独自舔伤的积习伴随着，愁怨对内心的没有停止的浸渍，日久天长，我们怎么可能看到女人真正的快乐呢。

女人不能放弃那段美好的感情，不能原谅那个背叛和离弃自己的男人，说到底是我们还在乎对方的感受，还期待对方给我们以渴望的回报，或者，我们还在耿耿于怀我们曾经施与对方的恩惠，因为没有得到反馈我们难以释怀和轻松。这样的心态证明我们还没有从过去走出来，对从前仍旧在缅怀。

一段刻骨铭心的感情经历，一个死心塌地爱过的男人，因为年轻因为误解，或者因为世俗的妨碍和阻隔，总之曾经的海誓山盟信誓旦旦都烟消云散随风而去，留给女人一生的哀婉和怅惘，很多女人因此改变了原来的生命轨迹，改变了性格，更改变了对人生的认识，一段痛苦的感情历程完全可以因此影响女人的一生。

十多年前我在深圳工作的时候，同事小牧是个来自陕西的女孩，她外表朴实，工作吃苦耐劳，当后来我们得知发生在她身上的很多事情时，惊诧的不得了。我们先是得知小牧的学历是假的，后来她自己承认是花了400元钱买的；又获悉小牧原来是结过婚的，她却一直谎称是单身。这些女人扯谎的小把戏倒还可以谅解，无非是为了谋差获得食粮以及女人特有的虚荣心的驱使造成。但后来，小牧个人生活的不检点甚至放荡终于叫人瞠目，在一年的时间里她不仅暗中和单位三个男人保持性关系，而且还和一个女同事的丈夫有染。大家始终被她老实憨厚的外表蒙蔽，实在难以把风流这样的词汇用在她身上，直到她和这个女同事的丈夫的艳情被女同事的邻居说破，女同事竟然

还以为是邻居故意挑拨是非。东窗事发以后，大家原以为肯定
小牧有什么苦衷，因为真的很奇怪，女同事跟小牧的关系平日
里是最亲密的，也没有任何迹象表明小牧和女同事的丈夫曾经
有什么感情瓜葛，这桩风流事到底是如何发生的呢？正当大家
既好奇又纳闷想探知底细的时候，更意想不到的事情出现在大
家面前，从前一直拘谨谦让的小牧忽然就像换了一个人，她开
始打扮得妖里妖气，涂着血红的口红，说话高嗓笑声狂放，看
着这个女人诡异的样子，大家都噤口不语，面面相觑，不知道
到底在小牧身上发生了什么古怪事情。也许是从前对小牧的注
意力太不够了，大家开始观察和探究她的行径，果然，不久就
发现了另外几起风流事件。最叫大伙大跌眼镜的是，这几个和
小牧有关系的男人，没有一个是单身，除了有妻子是同事的，
还有的就是妻子也在深圳或广州工作，并不是通常理解的终年
不见女人饥不择食的男人。

直到小牧因为影响太坏被单位开除，围绕着这个女人的一
桩桩一件件男女情事才被大家搁置起来。但有时茶余饭后，还
是大家的谈资笑料。后来，我们有机会接触了了解小牧经历的
她的陕西老乡，在那里获悉了她的一些情况，似乎让我们察觉
到了造成小牧双面性格扭曲心灵的起因。

原来小牧是个曾经遭受过很深感情创伤的女孩，结婚的第
一周，就遭遇外出中途回家撞破丈夫和别的女人上床的丑事。

那时候，小牧只有22岁，没有维持一个月的婚姻解体了，小
牧觉得没有颜面留在当地被好事者指指戳戳，因此离开家乡来
到深圳。因为学历低没有技能，小牧曾经也和一些文化低的农
村女孩一样日夜劳作在工厂流水线上。后来要强的小牧多次去
一些体面些的单位应聘，都没有得到机会。偶然一次，她谎称
毕业证书忘记带了，招聘的人似乎信以为真，决定留下她。
小牧为了保住这份工作，赶紧四处找做假证的人办了假证件来
搪塞。等按照那个男人的安排单独去见他，却原来，男人是叫
她以身报答。又一次变换工作，小牧也遇见心怀不轨的男人，
就是同一个公司女同事的丈夫，妻子就在隔壁上班，这男人的
无耻和色胆包天叫小牧脑海闪现自己曾经有过的遭遇，前夫和
那个女人的一幕原来从没有在脑海里消逝。小牧忽然觉得，所
谓的道德观原来就是束缚自己身心自由的根源，这样的事情，
根本不像自己原来想的那么严重，无所谓羞耻，真的很平常，
很简单，没什么大不了，可以在任何人身上发生，我和别人也
没有什么不同，原来我以前一直在大惊小怪呀。一瞬间土崩瓦
解的是她的内心底线，道德观、羞耻观也都被抛到九霄云外。
任何行为都是具有参照性的，小牧在投入那个男人的怀抱的时
候，感到了一种前所没有的释怀还有报复的快感。接下去，一
旦看到身边哪对夫妻恩爱的样子，小牧的心头立刻涌起一股破
坏的欲望，脑海里立刻浮现前夫和另外的女人缠绵在床的情

景，小牧以为她学会了解脱，她在欲望的路上却自我放纵，彻底迷失不得醒悟。

和小牧遭遇了男人负心这样类似遭遇的徐静，却选择了和小牧这种自我作践自我戕害的女人不一样的人生。

徐静在大连读大学的时候，恋人因为酒后放纵和一个酒吧女发生了关系，徐静知道后，异常痛苦。两个人在大学卿卿我我好了三年，临近毕业，却出了这样一件事情。本来因为男友的家就在大连，男友的父母已经为他们安排好了工作。看到徐静痛苦不堪，女友安慰她说，这也许是好事情呢，你该庆幸这件事，假如没发生这事你怎么知道这个男人的人品，要是结婚以后才发生，才惨呢，你要么赶紧一刀两断，长痛不如短痛，要么看在他家里给你找了工作的份上，迁就原谅他算了。话虽然这么说，任何女人都能体会得出男友出轨给女人造成的伤痛有多么深，女友也就是假装轻松希望帮助徐静摆脱痛苦而已。痛定思痛的徐静经过内心艰难的折磨，终于决定放弃这段感情，重新开始人生。但是她的男友却不肯放弃，流着泪忏悔很多次，希求徐静的原谅。看到男友哭啼啼的懦弱样子，徐静忽然觉得，眼前这个男人和自己是那么隔膜，自己究竟了解他多少呢，这个男人悔恨的眼泪值得同情吗，那个和他在一起的未来是自己期待的吗？徐静忽然感觉到自己从没有过的冷静，不，就在那一瞬间，对这个男人的感情像一股烟在徐静的躯壳里抽身而去，留下的只是对这个男人的疏远和漠然的目光。

离开男友之后，为了渡过那段感情的空白期，徐静报名到一个穷困地区支教。那个男友也曾经挽留她在本地工作，被徐静谢绝了。放弃这段感情之后，徐静把全部身心投入到那个荒山小学的孩子们身上。因为表现非常优异，同时得益于那个地区的有关政策，徐静又转为一个大学生村官。两年出色的表现，徐静又拥有了正式编制的公务员身份，几年后，经过基层层层选拔，徐静被选派为后备干部送进党校学习培训，之后，挂职到一个县做了县团委副书记，直至县团委书记。徐静29岁的时候，已经成为一位远近闻名的80后女副县长。这时候，她的爱人，一个一起支教相识的男生也调到大连工作，夫妻俩生活相爱，事业相助，非常美满幸福。不久前徐静去参加大学毕业十周年的聚会，这个时候，徐静已经调回大连担任某区某局局长之职，而那位男友也在家族企业担任着重职，相隔十年的分离，两个人的身份都非同昔日。徐静看到远处站着一个仪表堂堂的男人，非常眼熟，却也非常亲切，那个男人朝她走过来的时候，徐静忽然意识到这个男人是谁。

他们双方认出来的一刻都相视大笑，仿佛从没有过拘束，又似乎是有久违的亲情把他们粘合在一起。曾经有过的感情失落，他们都学会了放弃和原谅，甩掉了精神枷锁的他们彼此做到了轻装上阵，获得了他们各自美好的人生。

徐静问他，这些年，你快乐吗？

这个男人却回答，真要感谢你的放弃，叫我有自我觉醒的机会。

徐静笑问，你告诉我，你曾经恨过我吗？

男人却反问，我等着这一天问你呢，你原谅我了吗？

此时，两个人的手紧紧握在一起。

徐静深深地体会到，忘掉那些曾经伤害过自己的不愉快的往事，是令人心头多么轻松的事情，她知道自己早已经从心底里原谅他了。当这些旧情恩怨被抛却，徐静没有觉得自己失去了什么，反而感受到自己的内心，更包容了很多以前以为自己难以包容的东西，胸怀更加宽广。这些富有内涵的东西，给予徐静创造更美的未来以新的力量和激情。

17 你是个能调动男人情绪的女人吗

　　32岁的纪小帆已经结婚，在机关办公室做文秘多年。小帆是那种不够惊艳，但是耐看的女人，象牙白骨质瓷一般的肤质，黑黑的眉毛，长眼睛，老爱垂着眼睑。小帆毕业于天津师范大学，学的是理科，专业跟手头的工作虽然不沾边，但是小帆是个非常善于学习非常聪明的女人，工作很出色，很得上级领导和同事的认可和信任。

　　和小帆在一个单位工作的同事，因为或多或少和小帆工作上的接触，都觉得她工作能力很强，也很善于协调各部门之间的关系。还有很多和她岁数差不多的男女同事，爱在周末一起组织郊游登山等户外活动，因此，比较了解小帆善解人意、随和谦让的性格秉性。

　　小帆不是部门的负责人，其实就是一个大

头兵，但是，她性格开朗，为人正派，工作勤快，认真负责。所以时间长了，这个单位的人，凡是有事情找小帆所在的部门，肯定就先想到找小帆，会给小帆打电话。朋友遇见这事那事，不管男的女的，也都爱找到小帆，跟她说说心里话。

其实，小帆不仅聪明，而且充满智慧。在机关工作，人事关系很复杂，小帆是大学毕业自己一个人投档应聘过来的，人单影只的她上班以后才发现，周围同事很多都是有后台有关系的人，再细心观察还发现，这个单位还分帮拉派的，属于一不留神就得罪一群人的险恶之地。思忖再三，小帆觉得，唯有自己行得稳站得正，对自己严格要求，对别人宽恕包容，才能得以立身安命。机关男同事很多，小帆看似温和淡然，却暗自在心里洞察识别身边每一个男人，渐渐地，她基本掌握了他们的大致特征，有强势不让的，有懦弱老实的，有恃才而傲的，有奴颜婢膝的，有琐碎不堪的，有龌龊难忍的，有明着就争名争利的，有暗中下拌挖坑的。对于小帆来说，很多不良的信息也曾经给予她一些不好的影响，有时候，遇见坏人坏事也难以忍受。但是，说小帆聪明和智慧就是因为她拥有不同于平常人的承受力和忍耐力，小帆觉得，女人终究是要成长的，而环境是无法选择的，除非你选择离开。既然你做不到，或者你不想离开，就现实点，成熟点地适应它，并使它为自己所用。

小帆在工作和业余生活中，友善而通达地沟通和大家的关

系，以积极光明面示人，把自己的智慧和力量传导给大家，如此时间久了，更是因此协调和促进了以前和自己关系一般或者不甚和睦的同事关系。

　　有一个男同事，因为看到小帆很得领导的赏识，有些嫉妒，常常不配合小帆的工作，故意拖沓误事。小帆心知肚明，但是，小帆不想把关系完全搞僵，因为那样于事无补，还会使心情败坏。有一次，上级单位突然到来组织法制问卷答题，这个同事因为有事来晚了，进来的时候，大家已经交卷了。他焦急万分，正不知如何是好，小帆悄悄递给他一份答卷，他定睛一看，却原来小帆已经替他完成了考题。他一下又感激又惭愧，小帆却什么都没说。还有几次，都是小帆默默地替他把工作中的纰漏弥合了。这个男同事开始暗中感叹小帆的大度和宽容，从此对小帆尽释前嫌了。他不再拿原来的眼光看小帆，觉得这个女人识大体，不记别人过错，有时候，开始主动帮助小帆做一些工作上的事情，关系也越来越融洽。

　　小帆了解这个男同事的心思，大家基本是一样的岗位，相互有的嫉妒和攀比的心态是非常正常的。也许这个男人把自己当成强有力的对手了，但是人家有这样的想法和动机也很正常，关键的是，你自己怎么样根据对方的情绪特征，找出针对的办法，怎么样去应对。

　　当然，前提只有一个，就是自己判断准确。

不要促狭地认为，在一些商业交往中，商人们的相互利用就是重利奸猾的表现，而要用现代开放的眼光看待这个事情。你应该先承认，优秀商人的基本素质里包含的敏锐果断，很多基于做决断之前其广泛的信息来源和通达的消息渠道，没有那么多有效广达的了解就不存在所谓异想天开的成功梦想。

女律师崔月华开着两家律师事务所，工作之余却有闲暇开了一家咖啡俱乐部，每个周末，她的各色朋友，从四面八方聚拢过来。说实在的，咖啡厅并不赚钱，因为崔律师基本上是免费招待这些朋友的。但是这些朋友，都是曾经给过她生意上很多帮助的，朋友又带上新朋友来，新朋友在这里又遇见新朋友，一到周末月华的俱乐部热闹非凡。也许你只看到每个周末她损失的咖啡营业额，其实，正是在这里，崔月华有了创建自己的投资公司的想法，并且很快得到大家认同，纷纷入股成为股东，当崔月华注册上亿的投资公司挂牌的时候，憧憬着公司将要出现的辉煌前景，她自己也由衷的感慨，其实做大事，做成事，仅仅是自己的态度问题。她不承认这属于技巧，她只是巧妙地调动了人们的情绪。不过是通过一个巧妙沟通，有效传递信息的过程，把大家的情绪调动起来了而已。崔月华二十多年律师的经验告诉她，任何人，任何对手，可能都在为你提供对你有用的证据，他们都可能是资源，有效的沟通才能把资源调动，有效的开发综合的利用。

　　一个能调动男人情绪的女人，就是一个对别人有影响力的女人，在他情愿跟随女人的情绪里，男人的意识、观点、情绪都因为女人那看不见的蛊惑而心随你动。

　　实际上，很多女人德才兼备，慧内秀外，男人却对她的想法和做法无动于衷。而很多女人的表现看上去并不那么完美，却有男人支持和附和，这其中的奥妙又是什么呢？

　　要知道，身为女人，要想影响和蛊惑你身边的男人，是需要你有很强大的气场和非常超群的表现力的。我们看到那些优秀的清高的女人，离群索居或者不苟言笑，是不适合位居男人的中心，成为引领男人做事的女强人的，他们更适合做修身养心自我怜爱的小女人，男人虽然也肯定她们的品质，但更知道自己前进的路上做不了同行者，所以只好绕道行之。

　　更有一些思维简单、过于主动和活跃的女人，他们似乎也有男人缘，但是一旦遇见关键事件，男人都是躲闪和退缩，这是因为男人惮于她们过于情绪化和思虑不足，不敢轻易信任和听从的缘故。这个时候，女人应该冷静下来思考，为什么自己没有把男人的情绪调动起来，为什么男人对自己不够信任，自己的表现力的缺失在哪些地方呢？

　　答案就是她们没有充分的调动男人的情绪。

　　俗话说，萝卜青菜，各有所爱。道理说来简单，却包含着很深的涵义。很多女人认为自己很美丽，很优秀，很有魅力，可是那个男人却敬而远之，女人特别不明白为什么眼前的这个男人不欣赏自己。这个时候，女人往往容易陷入纠结，那就是自己还不够美丽，还不够优秀，还不够有魅力，所以，那个男人不喜欢自己，不支持自己。

其实不是。

此中的道理就一个，那就是，你的美丽不是他欣赏的那种，你的优秀也不是他所追求的，你的个人魅力也不是他所需要的，于是在他眼里，你的一切都很平常，引不起来他的任何好奇。男人欣赏和好奇的，往往是他们自己内心欣赏和恒定的标准，这个标准可能与他个人的性格有关，与他的个人经历出身有关，与他的教育程度有关，与他正在经历的生活工作或者事业前程有关，说到底，男人需要女人给与自己的是一种安慰、自信与支持。

任晓红只有大专学历，为了生活做过很多工作，曾经到一家报社做过广告业务员，工作6年以后，她积累了一些资金。在对广告业务越来越了解熟悉的过程中，任晓红觉得已经不满足靠提成过日子，决心另外开辟战场，靠自己的智慧和辛苦去追求更大的发展空间。

离开报社以后，任晓红打算开一家文化公司，可是此时，她才发现，她自己的资金远远不够，她需要资金支持。到哪里去弄钱呢，她的公司还是一个空壳，不了解她的人不可能与她合作。

唯一可能寻求帮助的就是她原来那些客户。这时候，经过

一些沟通的任晓红发现，与这些客户建立起来的联系都是源于自己原来是在报社工作，他们的信任的是因为她在报社工作，而且他们需要这种关系的维系。任晓红意识到，虽然自己脱离了报社，但却不能断了这种联系。

于是，即使没有利润可赚取，任晓红还是依靠自己原来在报社工作的关系，千方百计付出辛苦，为这些客户做业务代理。实际上，这些客户除了任晓红，自然有别的办法建立与报社广告部门的关系，只要有业务，那些别的业务员还上门拜访呢，但是正是这种在利益面前的比较，他们发现了任晓红的诚恳和努力，认可了她的人品。这就是前提，这几个客户，遵从任晓红的建议，成了她公司的股东。任晓红这样说服他们，以前，不是股东，你们也要在广告上投资，也要花钱，而且，花出去的钱，就花出去了。现在，咱们一起来做广告业务，成立这个公司，盈利了一起获利，等于你们先前花出去做广告的钱又回来了，既做了自己产品的广告宣传，又因为替别的产品做广告宣传赚到了钱。这些客户因为先前对任晓红的信任，再加上对她业务能力的认可，欣然应允，投了资做了股东成立了了这个公司。到了年终，任晓红按照股份给大家分红，因为业务量还不是很大，所以，红利不多。虽然盈利不是很大，但是，这些股东要看到的不是分红这点钱，他们要看的是任晓红的诚信。他们继续加大了投资，支持任晓红扩大业务经营范围。

接着，任晓红发现了一个商业契机。

一个银行客户无意间告诉她，有一个塑料编织厂因为还不

起贷款，倒闭了的一片厂房马上要被银行收走了。任晓红忽然
就在心里产生了一个感觉，她自己去那个地方看了，一片荒草
凄凄，可是地处城市商业区边缘，绝对是闹中取静。任晓红找
到银行客户查看了那片废弃厂房的土地资料，一共是25亩地。

她又去咨询有关地产商，得知25亩地，大概就是建筑面积
可以达到3万多平米，一般来讲，3亩地可以建一幢三个单元门
的多层楼房，这25亩地除了绿化物业道路停车场，至少可以建
六幢7层以上多层楼，或者3幢18层以上高层楼。任晓红的内
心狂跳不已，也许，一生难得一遇的机遇就在眼前，她必须全
力以赴必须抓住找个机会。

这次她需要一大笔钱。

外表看上去，任晓红很一般，并不很漂亮，但是，她有一
个特别突出的优点，任晓红的表达能力非常强，她很够把自己
的愿望淋漓尽致地表达出来，并且很带有情绪渲染，这种带有
传染力的交流沟通无疑促进了客户对她的了解，在了解的过程
中，客户感觉到了任晓红做事情的坚定顽强，虽然任晓红的劝
说带有一定偏向商业色彩的煽动和蛊惑，但是客户们还是认同
了，因为他们认为，投机也是商业的法则，有危险才是机会。
重要的是，他们觉得，任晓红想成就一番事业的激情实在难
得，也许她缺少经验，但是他们可以补充不足，可以参与可以
通力合作。

于是，那一年，任晓红忽然出人意外地成立了一家房地
产公司，两年间竟真的盖起了一片楼房。她的广告客户先是成

了她广告公司的股东，后来又都成了她地产公司的股东，再然后，都成了她楼向楼下的邻居。

故事还没有结束呢。这些客户因为得益于任晓红的成功商业运作，又影响了其他的商业客户，转而这些人又成了任晓红投资公司的股东，她的商业经营领域越来越宽广。

为什么这些人如此信任和追随任晓红？首先是因为在共同的商场奋斗中，他们在任晓红身上看到了很多他们欣赏和认可的良好品质，而这些品质正是一个成熟商业人必须具备的，任晓红的不到目的决不罢休，遇见困难勇敢克服，遭遇挫折决不气馁的乐观态度也深深打动了一同奋斗的每个人。在一点比较重要的就是，他们需要这样的人，这个人能够为他们创作未来。

由此反过来，我们要说，也许有一个女人，比任晓红美丽优秀，但是，她的一切不属于这些人，因为男人从自身出发，觉得这样的女人其实对自己而言并无价值，所以，男人虽然敬重却还是与她们擦肩而过。而那些满心思结交这样男人的女人，因为过分的期待，已经在男人心里形成了压力，俗话说，"上赶的不是买卖"，因为没有能力在这样的男人心里造成影响，在男人眼里就没有了功利价值，使得男人觉得并无乐趣可言，所以现实生活里，她们总是与他们无缘交往。

18 女人永远不要觉得
自己比男上级高明

没有什么可争议的，如今是个男权时代，这一点，即使男人自己也承认。任何女人即使再优秀再出色，也不可避免地位居于一个或者多个领导你的男人之下，而且不仅仅是一段时间，甚至是你漫长的全部工作时间。

这些成为你上级的男人，或者有德有才，或者平庸无能，或者善良包容，或者狭隘自私，这一切作为下属的女人都是无法选择的。我们所有女人都期待和上级维持一种良好和谐的关系，因为不可否认，我们的工作、前程、个人生活都与这些息息相关。

做为女下属，首先你应该做到的是，了解这个男人，他的脾气秉性如何，是沉闷型还是火爆型，是冷静型还是冲动型，是开朗型还是阴郁型，是包容型还是悭吝型，是信口开河型还是金口难开型，是优柔寡断型还是当机立断型，是拖拖拉拉型还是雷厉风行型，是勇于承担型还是逃避风险型，是谨慎沉着型还是狂妄自大型，是虚怀若谷型还是心胸狭隘型，等等。还有他的这种类型适应哪些脾气秉性的女人，和哪类女人的性情比较投缘。自然的，你应该尽可能变成他能够适应的那种类型，避免因为和他的性格的强烈反差形成对抗。

还有，要知道男上级的优缺点。对领导的尊重，不等于认为领导就是一个完美的人，看到他的优点值得你敬佩，就应该向他学习，看到他的缺点，你就应该在心里对自己说，这个缺点是确实存在的，为什么他会有这个缺点，我如何才能避免身上出现这个缺点，还有如何巧妙地绕过这个缺点把该做的事情圆满解决好。

要非常清楚男上级的个人目标是什么。如果一个女下属，只知道一味尊重领导，听领导的话，事事唯唯诺诺，内心糊里糊涂，不知道男上级渴望达到什么，追求什么，那么在这个男人心里，这个女人肯定不被他看得起。而作为下属的你，做起事情来的时候，肯定亦不会懂得轻重缓急，甚至会成事不足败事有余。

男人的虚荣心是一个女下属必须时刻注意到的，这个男人在意什么，害怕什么，不在意什么，不在乎什么。他担心什么，压力来自哪里，你也必须摸透。这样，在最关键的时刻，

你可以适时的提醒，帮助他在因为工作紧张或者压力过大情绪焦虑的时候，避免出现一些工作或交往中的小差错小瑕疵。

还要知道，这个男上级对女人的要求是怎么样的，注重于哪几个方面，是外貌打扮上的，还是文化内涵上的，外场上是希望女人热场而且热闹，还是希望女人低调和隐身，是愿意表现自己男人酒场上的豪气，还是希望女人在一旁尽可能的仗义呵护。比如他要是非常讨厌女人豪饮，最好你就不要很放得开了，当然他也许喜欢显得自己身体尊贵，那就只有你不顾自己身体和结果，替他跟人家拼酒了。

要知道自己的男上级擅长什么，精通什么，这也很重要，因为任何时候，你们都是一根藤上的瓜。

做为女下属，可以坚定你在涉及此领域工作和业务的时候的自信和果断。还要知道，你的男上级最得意什么，最得意的事情一定是他人生中非常出彩的事情，最叫一个男人心里舒服满足的事情，你要尊重和理解这种得意，并且会在他失意或情绪低落的时候，在交谈的时候，不经意地帮他想起曾经的辉煌，鼓起他战胜眼前困难的勇气。还有，要知道男上级也有一窍不通的事情，不要因此责怪他，人无完人，帮他找个理由，替他解围。还有，就是男上级对什么话最忌讳，记得千万嘴下留情。

尤其至关重要的，做为一个女下属，你必须非常具体了解男上级的做事方式、工作风格。领导是需要女下属适应的，不是适应女下属的，因此你要做到迁就。假如他喜欢强化自己的权威意识，你就给他一些这样的特权，你是他的女下属，你不给谁给呢，难道他的上级吗，做为包容的女人，你可以这样想。

不要因为上面说了这么多的话，就觉得女人应该奴颜婢膝唯唯诺诺，是个十足的阿谀奉承的职场小爬虫的样子，说起来容易做起来很难，或者想到了，我们其实并非能够真的事事做到，但是仅仅是能够这么想，我们女人的心就坦荡和释然了。

还有，就是在男上级面前表现好我们女人自己，想办法叫他了解你的优点，长处，强项。要相信男人有知人善任的博大的心怀，并且有良知，对于一个真正有才华有理想的女下属，他应该考虑到帮助和提携你，给你足够的机会和权力。当然，你的任何时候表现的好坏，就是给他提供着对你提升信心的机会，这很重要。

还有做为女人自己，我们要尽可能克服自身的缺陷，不婆婆妈妈的，小心眼，说三道四，传播流言蜚语。遇见有可能影响男上级声誉的事情，要尽可能的维护上级的声誉，在任何重要事件面前，做到自己尽职尽责。

当集体的事业因为男上级的判断失误面临损失的时候，是一个精明的女下属最难决策的时候，是对她人格本质的极大考验，也是她人生严峻时刻到来的紧要关头，女下属要谨慎从

事，说话做事既要给上级留有面子，适当突出男上级一贯的英明，满足他的虚荣心和成功感，更要在适当时候，推心置腹把内心里的话掏出来，把自己担心的事情说给他听。也许因此，我们失去从前一直维护好的上下级关系，但是总比事情出现了严重后果我们来放马后炮强百倍。

要让男上级经常了解我们的想法、做法，并且认同赞许你，就需要我们自己经常和男上级保持沟通，传递你的思想和想法，使他逐渐领会同意支持你的行动和思想，成为一个用思路做事的人，就说明你在你的男上级那里有了不错的影响。

一个男人之所以能成为我们的上级，一定有其原因，或者他更出色，更有能力，或者其他你不具备和拥有的东西。所以能与男上级相处和谐，就具有一定的难度。特别是，假如你并不喜欢你的男上级，甚至在某些细节上你嫌弃他的时候，该以什么样的心态与之相处和谐？

沈丽的丈夫被北方一所大学高薪聘用，丈夫去任教，她跟随过去做了这个学校图书馆的管理员，非常爱美爱干净的她是个生活有品味的女人，特别不喜欢邋遢的男人。谁知道，当她怀着崇敬的心情去拜见领导——图书馆的馆长时，刚推开门迎面一股难闻的气味差点叫沈丽退出门去，沈丽定睛看到一个五十多岁的男人，似乎很普通的穿着，并没什么异样。为了礼貌，沈丽一直忍着，可是她自己几乎没说出什么话，那个男上级说话的时候，沈丽也精神恍惚，似听非听，眼睛和鼻子却在一直寻找着味道出自何处，趁着那位男上级转身拿东西，她还注意看了一下他的椅子下的东西，但没有发现怪味的出处。强忍着几乎叫她窒息的气味，好不容易坚持了不到半个小时，就赶紧逃了出来。从此，沈丽就特别畏惧馆长叫她去他的房间开会说事谈话，去一次痛苦一次。沈丽也知道，自己初来乍到，要适应环境，自己总是带有嫌弃人家的表情一旦叫他看出来了，肯定会很麻烦。沈丽自己也很苦恼，回家跟丈夫说了，丈夫却笑她事多，说别的女同事怎么不嫌弃呢，你刚去就受不了，人家这么多年在一起工作，也没见被熏成啥样。沈丽听了，也在琢磨，是呀，难道就是自己的鼻子过于敏感吗，怎么别的女同事似乎什么感觉都没有似的，还总是有事没事往馆长的屋里去呢。左思右想之下，有一天沈丽实在忍不住，就问一位女同事，你总去领导的屋里，你没觉得他的屋子有一股子怪味吗？那位同事就笑了，对沈丽说，你真小资，我们都习惯了，他就是不爱讲个人卫生，不爱洗澡换衣服啥的，男人嘛，又爱抽烟，难免有不好闻的味道，我们早都适应了。沈丽听了，半信半疑，心想，难道就因为他们有很多年的同志情，就真的久而不闻其臭了呀。这件事折磨了沈丽很久，也曾经几次努力，却始终不能做到如同其他女同事那样置若罔闻，终于有一天在馆长那里开会，馆长对皱着眉头的沈丽突然发问道：我

们图书馆什么地方很叫你嫌弃吗，怎么我看见你一进我的屋子就捏鼻子，要不就是大冬天也去把窗户全都打开？大伙听了，都面面相觑非常尴尬，沈丽也面红耳赤不知道怎么解释。那位男上级接着不冷不热地说，我们都在这个庙念了多少年的经了，老胳膊老腿也动弹不了了，没有沈丽你那么活泛，你老公有本事，回去问问看能把你安排到空气新鲜流通点的地方不，比如校长办公室，那种地方你肯定不皱眉头了，图书馆这种地方，到处都是陈腐气味，可能真不适合你这娇小姐。

话说到这份上，沈丽明白了自己老是捂着鼻子躲着他走的样子叫男上级察觉了，并且因此有了反感和敌意。本来沈丽自己很喜欢图书馆这样的工作环境的，工作清闲又安静，还有好书先睹为快，可是男上级的话如同是一道逐客令，叫沈丽难以面对。回去跟丈夫说了，丈夫叹气道，你真是个孩子，虽然我是人家学校请来的，可是安排你却也是个难题，到图书馆已经很不错了，你却一点不珍惜，你叫我也不知道如何是好了。结果夫妻俩为此几次生闷气。

后来，沈丽一直待在图书馆工作，和男上级的关系也一直不怎么融洽，男上级可能一直觉得从南方来的沈丽看不起自己，索性也不怎么搭理沈丽。除了开会，坐在角落上的沈丽能看到男上级，别的时间也几乎不怎么见面。直到男上级六年以后办了退休，沈丽似乎才缓过一口气。但是，这六年，沈丽在蹉跎中度过，工作无甚起色，位置没有升迁，一直默默无闻，很多积极的想法和美好的愿望也早消失的无影无踪，自己也成了一个茫茫人海里不起眼很平常的女人。

我们能否实现平生的一些抱负和愿望，这些做为我们上级的男人起着至关重要的作用。相处好了就是资源和武器，相反，就是障碍和强敌。这就需要我们拥有强有力的与其相处的手段和能力。

金平的例子也不算特殊。

金平可不是沈丽那样的小资女人，她是个做事泼辣稳妥干练的农村女干部，从乡镇基层干起到县委办公室副主任，一直很受领导欣赏和器重。但是，渐渐地，由于和男上级接触多了，个性过于直率和喜欢表露聪明的金平，叫那个从前对她非常信任，一手从基层把她提拔上来的男上级感受到了威胁。金平只是想表现自己的优秀和突出，有时候没有顾及男上级的感受，甚至有几次直接和男上级的上级建立了联络，这叫提拔她的男上级很不舒服，顿时没有了安全感。为了震慑一下不懂规矩的金平，这个男上级决定把金平从县委大院调离，到一个很偏僻很穷困的乡去当书记，表面上看是重用，实际上简直就是发配。要强的金平去了，苦了三年，人如同变了一个人，有一次回县委开会，又见到那位男上级，男上级看到经历了很多辛劳的金平，也有点自觉内疚，用开玩笑的口吻试探着问金平是

否愿意回来？倔强的金平这时候却无言了。

金平什么不明白？几年基层的艰苦历练叫她成熟了很多，也内敛了不少，但是个性是不会改变的，金平不敢再回到那位男上级身边了，她害怕自己有一天会再一次因为个性的毛病叫男上级烦了，金平不想假作清纯，也不想刻意为了突出男上级的高明而愚蠢。她想起曾经有一次在县里，看到一个非常善于迎合男上级趣味的女干部，为了博得这位男上级欢心，本来别人面前很聪明智慧的女人故意做出娇憨无知、不顾一切投怀送抱的样子。金平还听说这个女人取代了自己以前的位置以后，拿男上级的恩宠做利器很是春风得意，四处炫耀，却很有一些男人巴结逢迎，还获得了很多实际利益，一想到这些，金平就觉得难以忍受。

金平大概要在那个偏僻贫困的乡里待很久，因为她不打算依靠这位男上级获得机会了。金平不懂女人之所以有位置受重用，是因为得到了男人的赏识，没有男人的赏识，无论你多么有才华，都不会有任何机会给你。而男人之所以重用你，是为了提醒你知道，你所以优秀，只是因为他的存在。所以，女人永远不要觉得自己比男上级高明，你们的感觉是相互的，你怎么想的他，他就怎么想的你。

19 做个叫男下属心悦诚服的女上司

　　你先做个实验：在几个男人面前，同时问他们一个问题，假如你的上司是个女人你怎么看？我敢80％的肯定，不会有一个男人会很痛快地说出什么。你观察吧，在这一瞬间他们会有各种不一样的表情挂在脸上，比如惊讶，意外，尴尬，讪讪，诡异，茫然，漠视，等等，或许也有脸上欣喜心头暗喜的，当然持有此类表情的男人会把这个表情掩盖得很好。

　　我想说的是，要想做一个优秀的女领导，势必叫处于性格劣势的女性付出更多的努力。因为在这个男权社会，优秀的男人已经足够多，足够多的男人却没有获得机遇获得升迁的机会，因此，在潜意识里，尽管他也知道这个女人一定很优秀，所以才有这个位置，但是，逆反的心态还是不停地在阴暗的内心深处对他说，她仅仅是因为幸运，哼，或许就因为她是个女人。甚至觉得，眼前的女人占据的位置本来是应该属于他这个男人的。

教育一频道有一档不错的节目是关于求职者当场面试的。我记得有一期节目里，一个原皮划艇运动员退役以后前来求职，自己的求职目标是做一个宝马汽车的销售代表。这个小伙子外表条件非常棒，相貌英俊身材高大，而台上面试的的宝马公司考官是位年轻的女性。按照人们通常的想法，这位女性和这位帅哥的交流应该会很通畅很简单，但结果是，当这位女考官终于认同他可以加盟宝马公司的时候，也许是早已经厌烦了她的质疑，或者表明自己的自尊，小伙子出人意料地提出了这样一个问题：我进入公司后，谁是我的直接上司？宝马公司女考官回答：就是我。同时新东方的女考官则回答你的直接上司会是当地机构的某一位男经理人。小伙子毫不迟疑地选择了新东方。这样的结果叫我大跌眼镜，宝马的女考官也很震惊和尴尬，我想她肯定在那一瞬间的迷惑就是，你是在拒绝我吗？你那么强烈地想来宝马公司的愿望，就因为我，你宁愿选择放弃？

这个男应聘者的态度，表明就是一个拒绝和这个女上司继续沟通的态度，因为他关闭了和这个女上司交流的通道，等于让自己求职的脚步也停止在他渴望的宝马公司门外。而此前我们看到他唯一的心愿和爱好就是去卖宝马。女上司的自尊心会

受伤的，够叫女人回味的。这个女上司的尊严和矜持在最后一瞬间被这个男人拆散，那个瞬间出现在女上司脸上的失望，虽然很快就被她职业化的迷人微笑涂抹掩盖掉，但是，我还是窥见了那苍白微笑下面的窘态。

我知道小伙子为什么会拒绝她。

是因为她身为女性，却恰恰缺失了女性特有的优势。她的咄咄逼人的气势，叫我们看到了一个缺少幽默，缺乏灵活机动性的性格。她的没有任何表情的冷漠生硬又偏执的提问，也许是因为她自身所处位置养成的习惯，我们仿佛看见在她面前那道屏障，那道刻意与他人拉开距离的屏障，完全没有人情味的刻板的职场人的形象，叫小伙子望而却步。

在男人最不喜欢的女人角色里，除了人到中年不开窍蹲在井底浑不知的，就是女人的莫名其妙的自恃而傲。男人痛恨这样的女人，觉得这样的女人非常邪恶，邪恶得可怕，他们认定，此类女人一旦有了一个位置，就会马上翻脸无情颐指气使，傲慢无礼鸡犬升天，把自己当成恐怖的西太后。以为自己有了这样一个位置，就有了资格可以目空一切胡作非为。她们根本不把男下属当回事，而且就因为你们是男下属，做为女人的她就更有资格，就更加理所应当，动辄强加于人，积年下来叫男下属身心俱疲，畏惧忌惮她如同女魔头。

这是因为女人天生的狭隘偏执，情商不高导致。一定不

要小看任何一个男下级，他虽然此时身为你的属下，其实，做
为男人的他从不曾消逝的野心和抱负，叫他每时每刻都在观察
和判断你的任何动静，言行举止，寻找机会和你比肩，然后有
朝一日，成为你的对手和你对立抗衡。任何做着下属的男人，
都有自己的关系网，因为还没有成为豪华饭店座上宾的经济实
力，所以，你常常会在中低档的小餐馆或者夏日夜晚的大排档
上，看见纵酒豪情的挽袖甚至赤膊的哥们儿，他们正是热血沸
腾的年纪，一个电话打来，不管白天黑夜，都会从任何角落聚
拢过来，男人的豪情就是资源。

因为是女上司，所以，事无巨细，习惯把男下属当成依
靠，时间长了，男下属虽然都承担了，但是，他因为替你分担的
过多，就会渐渐对你的能力嗤之以鼻，失去必要的尊重和信任。

还有的女上司，不注意自己的信誉和修养，言而无信，说话
不算数，朝令夕改，叫男下属莫衷一是，有的女上司本身就是犹
豫不决处事不够果断的人，给男下属造成心里不踏实的感觉。

做为一个女上司，必须给予男下属尊重、推心置腹的信
任和沟通，以取得相互的理解和支持。男下属因为获得女上
司的尊重和信任，去推行上司的指令和行为时才会有真正的
效率产生，作为下属，把自身的能动性发挥到极致，女上司
的影响才能得到发挥，女上司因为有了这样的男下属，事业
才能成功。很显然，平素对自己指手画脚吆三喝四，一旦出

现紧急情况，却指望男下属挺身而出替你灭火，即使男下属按照你的旨意去做了，也不是心甘情愿，在这样的心境下做事情，结果可想而知。

其实，从性别角度来说，女上司和男下属，更应该和更容易建立起非同一般的信任关系，假如女上司做到了用人不疑，男下级就会感觉自己英雄有了用武之地，也会忠勇地承担"君叫臣死，臣就得死"的信义。男下属也会尤其理解和体会女上司因为自身的性别特点而造成的差异性，甚至完全谅解女上司处理问题的疏漏和简单，默默地为她填漏补缺，弥补过失。所以，女上司万不能总是疑神疑鬼患得患失，叫你的男下属无法保持内心的平衡，终于令自己的内心天平倾斜。

女上司其实有很好的杀手锏，就是能打动男人心的女性的关怀体贴、微笑和问候，会随时令男人感动。遇见事情，不要不问原因就训斥男下属，出了问题和差错，马上就怪罪男下属，这样的话，再兢兢业业踏实肯干的男下属也会心生埋怨产生背离你的念头。

所有聪明的女上司都应该知道，任何事情做成，不可能靠自己一个女人的力量，适当地依靠男下属，不仅仅是一种为人谦卑的态度，更是一种大女人的大智慧。

我曾经见识过一个女上司带着一个男下属共同打拼创业，从一无所有到风生水起直到事业鼎盛的过程，也见证了这个跟随女人创业的男人，从赤胆忠心到心生嫌怨再到分道扬镳的经历。这个故事非常经典，能够解析所有我们上述阐述的理论。

小江比李亚小15岁，除了有很好的学历，他还有精干的外表，伶俐的口舌，敏锐的思维，果敢的行动，但是，年仅28岁的小江在外人眼里仍显稚嫩，人生阅历工作业绩的缺憾是主要问题，上级没有足够的信任和把握，是不可能把一个足够重要的岗位给予他的。

在上级眼里，能够胜任这样重要的岗位的是李亚。虽然身为女性，但是有头脑，成熟，能干，做事踏实，这才是上级需要的，上级需要的是叫自己放心的人，并不是能干的人。

于是很期望做一番事业的小江经过思考，站在了李亚面前，表达了不甘寂寞平庸想做出一番成就的愿望，当然，也表示了自己对李亚的尊重信任，愿意跟李亚去打拼的决心。对于李亚来讲，这绝对是一件好事，她非常乐于接受。起因是她和小江并不是陌生人，打过几次交道，并留下很好印象，甚至还有点，怎么说呢，李亚还记得某一次的插科打诨，甚至有过一丝男女之间那种不谋而合的心有灵犀般的默契。凭女人的直觉，李亚觉得小江对自己很崇拜。李亚也是个当机立断的女人，当下拍板，许以副职的重要位置给小江，带上他一起去打拼。

获此殊荣的小江起初的激情满怀有目共睹，他全身心投

入工作，放弃节假日休息，放弃所有年轻人的嗜好，甚至老婆生病、怀孕、生孩子，他都不在身边照顾，匆忙回来安顿好，又为下一个项目的招标踏上南下的火车。两年时间小江单枪匹马、风雨兼程、风餐露宿，终于为公司争取了一些有实力的稳定的客户。从此公司的业绩直线上升，势不可挡。

与此同时，一直在家坐镇的李亚，也不愧为一个做事稳妥有管理能力的女实干家，把公司打理得井然有序。辛苦在外的小江回来了，看到公司今非昔比的样子，非常自豪和感慨，想到因为自己的付出才叫公司有了现在的辉煌，才叫公司彻底脱离了以往的困难窘境，小江说话的口气就有点张狂了。起初，是不当着李亚的面，后来时间久了，小江也不克制了，当着李亚的面也很张狂。终于有一天，当着公司几个下属的面，李亚黑着脸给小江制造了一次难堪。李亚故意对一个业务经理训斥说，你张口闭口跟江总说了，我告诉你，这个公司是我说了算，不是他说了算！你去转告大家，这个公司只有一个经理，其他人都是干活的，不要以为自己干了点份内的事情，就有天大的功劳，就居功自傲，地球离了谁都照样转。

这话很快传到小江耳朵里，他的心一颤，难道自己已经功高盖主了吗？从那以后，小江开始意识到，李亚已经开始提防他，有时候，为了震慑他并维持她的尊严，故意使小江和同事之间产生误会制造人为的矛盾，叫小江处于被大家孤立的局面。

小江开始变了，他开始重新审视眼前的女人，更重要的是多了心机重新审视自己眼前的一切，说话开始谨慎和小心翼翼。虽然如此，李亚的所作所为的负面效应继续在小江身心弥漫，因为有了猜忌，人就没有了信念，没有了精神支撑的小江做事的效率明显慢了下来。李亚察觉了，更是不满，认为是小江故意懈怠、泄私愤报复自己。两个人的嫌隙不断加大，终于，小江对李亚的怨恨堆聚成了仇恨，再看李亚，从前的崇拜还有感激之情早已经烟消云散，同甘共苦的的同志友谊也一笔勾销，小江愤愤地想，自己真是天真呀，这么多年完全被这个女人利用和耍弄了，现在她不需要自己了，欲加之罪何患无辞，她就是在找借口想踢开自己，古人云，天下最毒莫过妇人心呀。此时小江只恨自己不能立马取而代之。

最后的结局是小江辞职离开了他曾经花费了大量心血支撑起来的已经处于鼎盛时期的公司。

这个故事结束了，我却不知道如何总结，我想对李亚说的是，也许我们做到尽善尽美很难，但无论怎样，你眼前的男人，一定还是在时时盘算着如何利用你升迁，或者干脆取而代之的，这是男人与生俱来争强好胜的天性使然，就看你如何以女人的智慧去摆平他。

　　故事里小江的离去，是男下属小江自己的悲哀还是女上司李亚的悲哀？你怎么想的呢，李亚会有失落吗，会有一些歉疚吗？对于那个充满激情义无反顾跟随她创业的男人，她可以用不够成熟来谅解他一切的对她权威的冒犯吗？

20 要努力学会和与你不一样的女人相处

　　纷繁复杂的人际关系的处理，令很多职场女人发憷。我常听到女人这么感叹，干自己的活多少都不嫌累，就怕勾心斗角人整人最叫人心累。的确是这样，很多女人生性头脑简单说话直率，说话做事不选择对象，引起不好的后果也不自知，或者说错了话办错了事，自己内心处于后悔焦虑紧张状态，患得患失，怨天尤人，长此以往，精神健康受到很大影响。

　　这样的女人常常把这一切归结为自己命不好或者运气不好，从没有想到是自身的素质不高造成。

　　为什么这些女人不能意识到是自身的素质不够呢，除了缺乏先天的聪颖和后天的悟性之外，不学习，不思考，不觉悟，不进步也是主要原因，还有就是她们的相对比较自我封闭的性格和生活状态。

生活是公平的，你对它付出多少，它就对你回报多少，一个固步自封、坐井观天的女人是走不出任何一个生活的阴影和困惑的。还有一个原因就是，她身边还非常缺乏有智慧的人能够影响和引导她，这个人或者是她的爱人，或者就是一个女朋友。

有时候我不得不感叹，为什么男人那么不屑于女人的智商和判断力。我发现很多女人对事物的判断能力非常的薄弱，非常肤浅，缺乏对事物本质的洞察，对一个男人的识别，仅仅流于表面的认识，她们对他的判断就是非黑即白，非常的概念化。得知眼前的男人是个企业的副总，马上产生敬畏；看到一个有钱男人带着一个年轻女孩，就认定这个男人是个流氓；听说那个男人是媒体工作者，顿时就肃然起敬，觉得人家有文化。但假如你不告诉她们这些男人的身份，她就会茫然不知，或者身份，或者品质，或者文化，都无从判断。

这个时候在女人的群体里，特别需要那种心智很高，能够洞悉识别男人的女人，来拨亮懵懂女人心上的灯，要知道，这样的女人，其实是非常的了解人际关系的奥妙，能够巧妙地应用自己的协调能力，妥善处理男女间彼此的关系，并且善解人意，有这样的女人存在，大家就会很愉快。

在那样相处愉快温馨的气氛里，女人除了感叹时间过得很快，非常高兴之外，当然也会有人能够感觉到这个女人超群的

智慧及非同寻常的洞察能力。日久天长的接触，潜移默化间，女人间会相互传染这种感觉，不知不觉的心智获得提升，对男人的识别多了更多的敏锐，对事物的观察也少了很多偏颇。

我们需要了解，如何与任何一个出现在我们眼前的男人打交道，不要紧张，瞧，我们的女友给我们作出了榜样，优秀的她是这样做的：

——他是个成功男人，平静的笑容后是男人智慧的头颅。她知道，靠卖弄小聪明是不够引起这个男人兴致的，很快两个人谈起了中国历史，那些从她嘴里吐出来的既深入浅出又娓娓道来的有趣的古代话题，显示了她的文化底蕴和功力，知识的渊博叫男人暗自感叹。

——他出身高贵，她却是一个草根家庭的孩子。于是，她不卑不亢，声音平和，若无其事淡定从容。令他看到的是一个虽然出身低微却自强坚韧自信快乐的女人，她的那种快乐，那么纯粹那么简单，叫他感觉非常自然淳朴，不由得由衷地欣赏和喜欢她。

——这个男人天资愚笨，但是，她需要说服他。于是，她耐心，周到，详细，像剥葱头那样一层层把道理讲给他听。他因此充满了崇敬和感激，对眼前这个聪慧不凡的女人，不仅敬仰她的智慧还尊崇她的品格。

——这个男人非常善于狡辩，是个难缠的男人，她当机立断，不容迟疑，快刀斩乱麻，简单处理，不拖泥带水。他暗自佩服，巾帼不让须眉，此女子不可小窥。

——男人是个多金男，浑身上下金光闪闪。好吧，我不恨钱，但是我绝对不看你的金子一眼，给你讲个高雅的事情吧，你肯定无话可说。男人无奈，看来钱也不一定什么时候都好使。

——这个男人非常穷困，有点自卑。她心中暗自叹气，很怕伤害了男人的自尊心，于是刻意回避他不愿意涉及的话题，做到了非常谦虚平和，并且尊敬对方的人品。他看到了女人心底的善良。

——男人是个勇敢的男人。那么好了，我也很勇敢，我们是同类呀。男人眼前一亮，找到了久违的激情满怀的感觉，推杯换盏间，成了无话不说开怀畅饮的好哥们。

——这是个出过差错的男人。那么好了，给他温暖的话语，鼓励他重新站起来吧。他望着女人走远的背影，怅然地想，为什么我从前没有机会认识这样的女人呢，他希望自己从此也坚定起来，重新找回自信，做一个令女人认可的好男人。

在社会交往活动中，这样的亲和力，是女人与男人相处相互沟通很重要的法宝，女人的修养、仁慈、宽厚与善良，无疑构成一种温暖的氛围，使男人不由自主地靠近。做一个这样的女人还需要的前提就是，要有很强的分析能力及善于察言观色，敏于察觉男人的想法和动机。

　　女人身边如果有这样善于识别男人的女友，一定会对她们的生活产生影响。而这个对别人产生影响的女人，首先必须是一个有主见有思想的女人，并且善于表达和沟通。

　　良好的沟通从了解自己开始。把自己的位置摆正，才能在沟通过程中叫对方接受。否则，反而引起对方的反感。还有要换位思考，所谓己所不欲勿施于人，了解了自己的感受就了解了别人的感受。基于自己的感觉去沟通，是没有好结果的。对对方的尊重，才能获得对方的信任感，不带成见，不带评判态度很重要，耐心倾听，照顾对方的感受。

　　嫣然最近很烦恼，原因就是正在和自己的丈夫冷战。他们夫妻结婚已经八年，算上恋爱的两年，在一起已经有十年的时间了。十年间他们夫妻关系一直很好，虽然期间嫣然下岗，但是7岁的女儿很争气，在体校练体操，成绩出众，很有前途。嫣然的丈夫在企业上班，人很老实，非常顾家。虽然家庭收入不多，但家里安顿得很温暖，生活得也很舒服。孩子小的时候，两个人从没有任何矛盾，同心协力照顾好孩子，现在孩子去省里集训，家里一下空落了，两个人按说也该清闲下来，却不知何故，反而关系生疏隔膜起来。嫣然有个同学叫小维，和嫣然是很多年的姐妹关系，看到嫣然家里出现这样的情况，就推心置腹地跟嫣然说了很多贴心话。小维告诉嫣然，就她对她们夫妻的了解来看，他们都有很好的人品，婚姻出现问题仅仅就是他们夫妻彼此忽略了对对方的关注度而已，时间久了出现了审美疲劳。小维特别指出嫣然身上出现的毛病：嫣然一直认为，自己和丈夫十年的感情，用不着再刻意去做什么，虽然自己下岗在做临时工，但是也不必在丈夫面前低声下气的。所以，她一直不懂得维护丈夫的面子，想说什么就说什么，很多次令丈夫在外人面前难堪。小维还指出嫣然不爱学习不思进取的生活状态，一天到晚打麻将，丈夫下班回来经常不见她的人影，屋里冷锅冷灶的。嫣然听了辩解道，没事的，都是老夫老妻的，谁啥样还不知道呀。小维提醒她说，夫妻之间是需要感情维系，但是，生活也需要信念和激情，假如你总是给你丈夫这副邋遢不堪不思进取的模样看，我可真难保证哪一天你的丈夫看到一个叫他佩服，感受到积极向上充满生活激情的女人不动心。男人的理智防线一旦溃败，什么不可思议的事情都可能发生，那个时候，你十年的感情可能就要付之一炬。从没有人把话说得这么严重，嫣然听进去了。

莹莹孩子三岁了，自从有了孩子，基本没有跟丈夫交流过，一天到晚眼睛不离开孩子，好像家里就没有丈夫这个人。渐渐地，丈夫开始很晚回家，情愿和单身同学待在外头宿醉。莹莹也不管不顾，一心伺弄自己的孩子。她的女友小丁看在眼里，有心提醒莹莹。小丁问莹莹：你对生活不满吗？莹莹回答，没有呀。小丁问，你对丈夫不满吗？莹莹回答，不是

呀。小丁接着问，那你为什么抛弃眼前的幸福把希望完全寄托在未来呢？莹莹很疑惑，知道小丁的意思是说她的精力完全在孩子身上，忽略了丈夫的感受。莹莹说，我是觉得孩子很小需要很好的照顾，没想他会怎么想，反正孩子是我们俩的，照顾好不也是为了他吗？小丁说，道理是那样，但是，现实却是，你也不和人家说话，也不看人家，叫人家觉得家里很闷，很没意思，还不如没有小孩呢，或者干脆出去和光棍们喝酒有意思呢，不要忘记了，他也是个大男孩呀，也需要照顾和温暖呀。莹莹笑了，点头称是。

嫣然和莹莹都知道女友了解自己的实际情况，真的关心自己，所以，能够倾听女友的忠告。是的，做为忠告者的小维和小丁就是这样，所以女友对她们的话信服。

女人往往容易喜欢和自己一样的女人，不喜欢和自己不一样的女人，那太狭隘了，要努力学会和与你不一样的女人相处，叫她们接受你的关键，是你必须像她们那样思考，用她们说话的方式说话，叫她们对你自己的话产生兴趣，这样，那个和你不一样的女人，才会觉得你是她们中的一员，愿意向你倾诉她心中的一切，你也会因为这意外的倾听，收获很多你从不知晓的事情的真相，这样的经验不是更珍贵吗。

21 亲和力、影响力和个人魅力，让女人成为领袖

　　一个能够识别男人的女人，一定是个有亲和力的女人，要知道，亲和力是女人的法宝。女性的温暖在关键时刻对男人的激励鼓舞作用不言而喻，贴心理解的话语会打破彼此处境的尴尬，也给人留下很好的印象，赢得男人心的同时也凝聚了男人心。女人有一个平和的心态是很重要的，这需要很强的自控能力和高度的自信，令人欣赏和喜欢的女人，男人不仅会记住她，也愿意帮助支持她，顺从她的意愿。

　　有一年夏天，在石家庄平山温塘召开了一个媒体文化产业发展研讨的会议，我和两个同行业工作的女人结识了，第一天上午开完会中午是酒宴，之后主办方安排了全体会议代表下午到著名的御温塘洗浴。那是一次非常有趣的经历，说来记忆犹新，给大家讲讲，看你会怎么想。

中午吃饭的时候，大家因为已经获知饭后就要集体去御温塘洗浴，明显饭桌上的气氛有些不同寻常，起初因为大家不甚了解和熟悉，还很拘谨，渐渐的因为有彼此熟悉的男人开始因为酒精的兴奋作用大胆地开起玩笑，这玩笑先是男人之间的，不久，喧哗笑闹的声音里就夹杂着女人的声音，因为有了女人的参与，男人的说笑话题自然就有了些暧昧的元素。这时候，和我刚认识不久的两个女人，一个是某报社的副总编刘女士，一个是承办此次活动的文化传媒公司的艺术总监谢小姐，都把眼睛从饭菜里挪到那几个说笑的人身上。谢小姐一边拿眼扫着他们，一边对我们说："你们发现没有，他们很兴奋，看来我们安排到御温塘来开会的选择非常正确。"刘女士听了，却摇头道："这些开会的人平常都是不苟言笑的老总，你叫他们脱光衣服一起去洗澡，我估计，他们也就是这会开开玩笑，快乐快乐他们的嘴而已，吃完饭，没几个人敢跟你去洗澡，你信不？"谢小姐笑道："没事吧，不是真洗澡，就是跟游泳池那种，都穿着游泳衣的。"刘女士一听，脸上现出惊奇和难堪："什么，不是男的和男的一起，女的和女的一起吗？"谢小姐回答："都在一起的呀，就是泡浴，不是真洗浴，那里还有游泳池，愿意游泳的话，也可以。"

肯定是因为那叫人好奇的男女混杂泡浴搅合了大家午饭的兴致，午饭很匆忙，不见常见的会议饭局男人间的杯箸交错。

谢小姐在吧台那里等大家，招呼男女客人跟着她去换衣服。进
了洗浴大厅，看见了巨大的游泳池，还有一些写着中药名字的
小型泡浴池，站在空白地，大家都又紧张又羞涩不知道如何
是好，好几个女人抱着胸躲在别人身后。夏小姐对我们几个
女人建议说："女人就去当归池吧。"说完自己带头朝那个写
着当归两个字的药池走过去。当时，当归池里已经有了三个男
人，我想，他们大概也是初次来这里，看到别的池子里有人，
就不由分说进了这个池子。谢小姐大方地朝那个池子走过去的
时候，我看见了那个池子里男人的简直不相信她真的会进这个
池子的紧张神情，等谢小姐身体进入了水池里，那三个男人顿
时惊惶失措，一个男人哗啦一声从水里冒出来，窜出池去，引
起周围男人一片笑声，剩下俩男人似乎脸和四肢都僵住了，动
弹不得，此时，因为池中是一女两男，池子周围是等待的女人
和别的池子扒着头看笑话的男人，终于又一个男人耐不住了，
也窜出池子，又一片笑声，剩下那个男人真是悲惨，不等他窜
出去，已经有女人跟着进入了当归池，顿时形成一群女人和一
个男人的处境，可想而知那种尴尬情景，最后，几乎是在男人
的起哄声中，剩下的男人也落荒而逃，窜出池去。很快我们发
现，只有这个池子有女人，而且很拥挤，别的池子男人们三三
两两的。人越来越多，我们发现几乎所有开会的人都来了。刘
女士也感觉到了，对我说："真没想到，这帮男人，平常那么

严肃，这会儿上这找开心来了。"我说："管他们怎么样呢，咱们自己泡着舒服了就好。"刘女士却问我是否会游泳。一边的谢小姐听见了，马上响应说："走呀，想游泳吗？"刘女士尴尬而胆怯地笑，说："我就那么一说的，这么多男人，谁敢去呀？"谢小姐又劝，刘女士还是犹豫。

这时候，谢小姐就说话了，"刘大姐，你觉得到底是你怕他们呀，还是他们怕你呀，刚才你还说，他们不敢过来洗澡呢，其实本来就是那么回事，他们根本没那胆子看你，你仔细看看他们，他们还是他们，只不过换了衣服而已，你看那个上午讲话的江总，穿着西服挺好看的，怎么换了衣服那么难看呀，小肩膀瘦成那样，你再看那个孙社长，岁数怎么也有55岁以上了吧，体型还保持得挺好。"

谢小姐的话一旁池子里的男人听得很清楚，他们笑着对谢小姐说："你说得对呀，这种场合，都是有身份的人，无所谓性别了，就看谁脸皮厚了。"大家都哈哈笑起来，气氛顿时放松，那个男人大胆地对刘女士说："我们早就想和女士们一起游泳呢，走吧，大庭广众之下我带着你，不害怕吧。"刘女士听了欣然，随即几个男女起身，大大方方说笑着一起朝泳池走过去了。

我看着谢小姐，她坐在水池边，双腿悬在水面上，看着远处游泳的人笑着。我非常欣赏她在男女处于尴尬处境的调节能

力，对她说："你的动员工作做得真好呀。"谢小姐一笑，不以为然地说："这种场合大家都会紧张，男人女人都一样的，需要想办法化解这些紧张，不然，我们不是来放松来了，是受罪来了，对吧？再说，别说我了，你们更应该了解这些男人，都是文化人，胆小，老实，不敢出面，我要是不出面，更是指望不上他们出面化解尴尬。"

这次经历就算一个笑话过去了，谢小姐的话却给我很多提醒。我们应该惭愧于这个只有30岁出头的女孩子的现场掌控能力的运用。从中午吃饭到下午泡浴整个过程，我们注重自己的感受而忽略了对男人的观察，从而只有拘谨和慌张伴随我们。但是谢小姐似乎在不经意间感受着男人、女人的兴趣变化，把大家泡澡游泳稳妥有序地安排了，又一点不露痕迹，举止得体，谈吐大方，又不失幽默风趣。看似简单，其实这里面蕴含着很多女人在男人面前，如何利用自己的感受和观察掌控的智能。

谢小姐那句评价男人的话很有意思："这些男人，都是文化人，胆小，老实，不敢出面，我要是不出面，更是指望不上他们出面化解尴尬。"我想，基于她对男人这样的识别和判断，才是她积极主动并且巧妙机智协调好局面的前提，这个女人不仅聪明过人，而且控制协调能力非同寻常，她不仅了解女人，也了解男人，想必是一个在任何社交活动中都出色的行家里手。

我们都明白，在一群差不多的人里凸显自己，做到有影响力，是需要很强的人格魅力的，而作为一个女人，能够在众多杰出的男人中脱颖而出，既恰到好处地表现了自己，又叫男人认同，还不至于叫他们反感和嫉妒，是非常难的。

电视台工作的尹红是一个个人能力非常强的女人，是一所名校的研究生，人也很漂亮，由于工作出色，从编导到导演再到制片人，直到竞聘成为一个频道的副总监再到总监，越干越好，逐渐成为这个行业的专家级人物。在别人眼里，可能只看到她表面上是一个优秀的女强人，或者，仅仅认为她只是专业对口，精于业务而已，其实，这绝对不是最重要的。尹红不仅聪慧过人，才华出众，而且获得今天的成就，更得益于她优秀的个人品质和强大的人格魅力。要知道，在她身边，围拢着一帮男人，每个人都是做这一行多年，经验丰富，各有所长，尹红要做到叫他们佩服，点头称赞，而且叫他们兢兢业业踏踏实实跟着打拼事业，一定是尹红从品德到才能都极大地超越了这些男人，并且还有极其坦诚磊落的心态，作为女人，处处替男人们考虑在先，不论是事业还是家庭，都尽可能地有多大能力帮多大忙，所以，跟随她做事的男人们都由衷地敬重她。尹红最可贵的就是作为女人能心胸宽广，从不记恨和自己意见不同的人，一切从实际出发，知人善任，而且，克服了女人狭隘自

私的毛病，从不占公家便宜。按说公家是可以给尹红配一部车的，她却把车让给了负责电视信号覆盖需要经常出差的副总使用，自己开着自己花钱购买的车奔波公家的事情，这一点，即使是男人，也确实是难以做到的。

有一位这样出色优秀的女领导做领头人，同事们都感到非常幸运，谁不愿意跟随这样大公无私的女领导做事呢？大家心情愉快，工作起来也劲头十足，因为他们懂得，即使自己付出得再多，和尹红相比还差得很远，还要不断努力才是，标杆的力量在这里的确是无穷的。

22 不认识男人，就等于不认识世界

　　这个复杂的闹嚷嚷的世界，其实只有两个人，一个女人，一个男人。一个女人如果没有认知对面那个男人的能力，就基本等同于不认识世界。

　　因为认知男人，女人做到了包容和不固执，做到了心胸宽广和虚怀若谷，做到了谦虚和知礼节，做到了勤恳和脚踏实地。

　　邹越是个外表看上去很憨厚朴实的女人，初次打交道你还会发现，她很健谈，也很热情，性格看上去也很随和。但是，当你获知她是个有过三次离异经历的女人的时候，你可能会蹙眉不解，这是为什么呢，她看上去不错呀，为什么婚姻一再触礁呢，发生了什么事情，叫她的婚姻不能存在下去，夫妻之间有什么样的恩怨非要以分手告终呢？

　　先从邹越的性格形成谈起吧。邹越的父母

是老来得女，所以对邹越过于溺爱，从小到大对邹越的任何要求都给予绝对的满足，而这仅仅是物质上的。可能精神上的娇惯造成的影响尤甚，父母把她当做掌上明珠，是因为邹越的聪慧给他们带来的慰藉和骄傲，邹越小时候一直学习成绩优异，直到考上大学，都被邻居家长们羡慕和夸赞着。长大以后，邹越渐渐养成非常自我和强势独尊的性格，她想做成的事情，要想实现的愿望，一定要达到。她不会顾及父母别人的任何感受，做事一意孤行，不听别人劝告。久而久之，自以为是骄蛮任性的她，其实完全生活在自己固执认知的理想世界里，而有限的人生阅历，缺欠的男女交往经验，缺失了必要的别人的劝诫和忠告，造成她遭遇人生困惑的时候难以觉悟，更难以从迷境中获知和明察究竟。

第一次婚姻，丈夫是个没有成熟的官家浪荡子弟，没有正式的工作，随性狂放，靠幻想和呼朋引类大吃大喝消磨时光，反正他的父母不在乎被他啃老。把他送去澳洲经常玩失踪，回国来至少总可以看到他的身影，这就足以叫父母认可了，至于一天到晚在外面玩什么并不重要。因为自己父母的反对和别人的议论造成邹越的好奇，进而别人对他的议论造成邹越心理的反感，然而一种逆反的心态叫邹越与这个男孩子越来越靠近，仿佛自己孤注一掷的爱情，就是神圣对世俗的抗议和挑战。然后就是同居接着结婚了，父母刚要叹口气什么都不说了，邹越

却哭着跑回家，原来这个男孩子根本不把婚姻当成责任，想和哪个女孩子玩就玩，想自己出国去玩了，就自己一个人网上订了机票送到家里来，连问邹越一声都嫌多余。离婚以后，善良的父母害怕女儿受到伤害，根本不敢提这件事情一句，只偷偷观察她，怕她有什么三长两短。

这第一次婚姻，从表面上看，是因为邹越对爱情婚姻的理解不足，遇人不淑导致，其实，也不完全是这样。我们不能因为这个官二代好逸恶劳的劣行，就完全否定一个男人的全部素质，就认为这个男人没有一点优点，不然的话，这两个人怎么能在一起相处一年多呢，无论如何，这个男人还是应该有一些优点或者有一些叫邹越认同的地方的。在结婚之前，相互间可能还能谅解和沟通，结婚以后，相互间的要求可能高了，约束强了，彼此间压力大了，就难以承受了。假如邹越还和恋爱的时候一样，接受男友天马行空的浪漫生活，还继续迁就他的无所事事，似乎矛盾的尖锐程度，就不会到使刚刚组建的家庭很快就分崩离析的地步。如此说来，对邹越的要求也超出了她难以达到的限度，她本身还是要人迁就和呵护的女孩呢，叫她以博大的胸怀包容和接受一个任性胡闹的男孩子，然后等待他的长大，等待他的成熟，等待他拥有家庭责任心，她还没有这样强大的内心和能力，所以这样的生活她是不能容忍和接受的。

一年后，经别人介绍，邹越认识了第二任丈夫。父母看这

个男人也出身普通工人家庭，看上去不同于上一个官二代的桀
骜不驯傲慢无礼，似乎还很礼貌，也有正式工作，觉得和自己
家庭还算门当户对，就点头认可了。其实，对于邹越来讲，除
了觉得这个男人外表还算可以之外，其他的一切，教育程度、
性情、脾气及个性，她并不了解多少。但是，她不想考虑那么
多了，她就是觉得自己年纪不小了，还结过一次婚，不要再挑
剔了。结婚成个家得了。

这么想似乎也合乎常理，这个世界上女人对婚姻的奢望
和理想，有多少会真的实现呢。但是，很快，邹越就发现这个
男人其实智商很低，头脑简单甚至愚笨，遇事慌张无措，一点
男人的豪气都没有。在外面很窝囊的男人，在家里却脾气很火
爆，两个人因为吵架从砸家具到彼此动手，愤怒的情绪已经叫
她完全失控。

邹越很怅然，为什么上一个男人，她觉得自己很爱他，他
却不能理解自己的内心，一味自己我行我素根本不把婚姻当成约
束，不把自己当成他一生的相随相伴的人尊重和爱护呢。而这一
个男人，自己是想迁就并且打算将就着过日子了，可是，没有交
流，无法沟通，渐渐地说一句就拌嘴，说两句就动手，成了家常
便饭，每一天每一时的生活就如同煎熬，非常痛苦。

精神上的郁闷叫邹越的感情找不到释怀的地方，终于，因
为邹越和丈夫两个人都有了婚外情，这个家庭走向了解体。

　　邹越第二次离婚以后，并没有多少失落，反而很多时候觉得很轻松，因为摆脱了家庭暴力的伤害如释重负。反思自己对第二任丈夫的感情，邹越觉得这个男人，其实就是上一次感情伤害的替代品，自己并不爱他。自己也没什么可后悔的，离婚出来，很好，给了自己新的机会和可能。

　　我们该如何评价这第二次婚姻呢？是属于没有爱情的婚姻吗？爱情可以在婚姻中培养吗？当然是可能的。但是，他们缺乏培养爱情的土壤，相互间没有理解没有体贴，悬殊和迥异的文化差异，对人生南辕北辙的判断和隔膜，无法叫两条道上的人并肩齐眉，相濡以沫地成为知己爱人。这的确不能强求邹越，让她非要和这样一个不懂自己的男人相处一生。

　　第三次婚姻，就是和那个第三者的结合。说来不知道是幸运还是一段孽缘的开始，在邹越痛苦的婚姻生活中，这个男人使无助孤独的她在精神上找到了寄托。这个男人年龄比她大14岁，当因为对邹越的关照和怜爱超过了应有的限度的时候，邹越无法把持自己，主动投入这个懂女人的男人温暖的怀抱。

　　这次婚姻，那个男人付出了代价，房子、车子、全部存款归属前妻，还要每月支付2000元交纳孩子的抚养费。邹越为了离婚，也付出了很多，为了财产的分割，几进几出法院。等一切风平浪静，两个人已经筋疲力尽。

　　默默领了结婚证回来，再看眼前已经虚弱不堪的中年男人，邹越忽然觉得很奇怪，那种沉稳老练智慧超群的感觉，似乎仅仅就是附着在这个男人躯壳上的一股青烟，已经飘渺得看不见任何影子。她渐渐看清他的狡猾、虚伪、冷漠、善辩，这一切有时候更叫她惶恐不安不寒而栗。邹越开始认定自己受到了欺骗，什么感情不和，他就是喜新厌旧，但是既然和自己结婚了，为什么还偷偷和前妻保持来往呢，是负疚吗，什么孩子发烧需要自己去照顾，他总是有理由解释自己与前妻来往的行为。既然觉得离婚对不起前妻和孩子，干脆回去好了。还有，邹越发现他还有很多秘密，竟然是一个被假话包裹的男人，那个从前外表无懈可击、侃侃而谈、潇洒仗义的男人，原来完全是表象。邹越再次提出离婚，这回离婚，更是艰难，从分居到打官司彻底分手，耗了两年时间。

我们该怎么评价邹越的第三次婚姻呢？三次婚姻的失败，邹越的教训又是什么呢？

非常明显，邹越首先是个极其不成熟没有长大的女人，因为对男人没有识别能力，使她不了解自己的真实感受，就是自己是个什么样的女人，需要一个什么样的男人。

第一任丈夫的任性放纵，她无法接受和包容，第二任丈夫的鲁莽和暴力，使她痛苦和逃离，第三任丈夫的欺骗和狡猾，叫她惶恐和紧张。在婚姻生活中，邹越始终处于没有理智的思维状态，对自己的情绪没有把控。面对陌生的婚姻生活，人人

都没有任何经验可参考，但至少要冷静和思考，先稳定自己的情绪，再去体察对方的情绪，仔细甄别和分析对方情形发生的原因和动机，并且换位思考，推己及人，调整好自己情绪，适应眼前发生的一切已知和未知的变化。

很显然，邹越不是一个能够控制好自己情绪的女人，与三个丈夫的相处，都暴露出她性格上这一重要的缺疏。第一任丈夫的所作所为，叫邹越觉得委屈不能容忍，其实两个人平心静气的谈话都做不到了，邹越想起他就气得不行。第二任丈夫之所以动手打她，也是因为邹越说话很伤人，乱发脾气乱耍性子。等到第三任丈夫，邹越因为自己不满的情绪，对这个男人的态度也越来越冷漠，每次他女儿回家的时候，邹越的故意挑衅都叫场合气氛尴尬紧张，结果自然是不欢而散。这个第三任丈夫就曾经跟别人感叹，没有结婚的时候，他觉得邹越是个不错的女人，但是结婚以后她的表现，叫自己完全忘记了她从前的好，就只记住了她的任性和蛮横无理。

其实，冷静下来的邹越也曾经很纳闷自己的所做所为，婚姻中的自己为什么那么容易情绪失控，叫自己不良的内心感受暴露无遗，自己本来是一个聪明的女人，咋就变得那么愚蠢至极头脑发昏，真是令人惊诧。

邹越的婚姻经历告诉我们，一个女人是不能停止不断培养自己识别男人的能力的，女人要增加自己的魅力，需要时刻移

情换位，懂得如何在男人心中产生越来越多的影响力，从而提
高自己对男人从内心到行为的完全支配能力。在这一过程中，
女人一定要表现得大方开朗，千万不要自私狭隘，必须处处考
虑男人的感受，做一个对生活充满情趣，对事物有敏锐观察，
并且不封闭自己内心世界的女人。你以这样的开放姿态去感染
和影响身边的男人，那个男人一定身不由己听从你的摆布。只
有善解人意的女人，有亲和力的女人，在男人心中才是善良的
可信任的，并且永远无法离开的女人。

23 让男人追随女人的脚步走

　　女人和男人之间建立稳定和谐的关系，很
关键的是彼此间情绪的一致。这就需要女人在
一定的时间或者空间具有很敏锐的观察能力和
有效的把握控制能力。

　　宋伟红是一家保险推介公司的业务经理，
主要客户一般是大中型企事业单位，这种业务
的性质，通常需要和企事业单位有决策能力的
一把手见面打交道，才能做成业务，而能够接
触到这些高层的机会确实很少很难得，所以做
业务很难。

　　有一次，通过女友卢琳介绍，宋伟红终于
和一个城市的区级领导坐到了一起。

　　对于宋伟红来说，那天见到这位领导，目
的只有一个，就是向他介绍自己公司的业务性
质，希望得到对方在权限之内的帮助。但实际

上，女友事先并没有跟对方把情况说清楚，因为她担心事先把话都说出来了，领导会不高兴或者不来了。卢琳的意思是，看场面情况气氛，适时的找机会，叫宋伟红把想说的话说出来，先拉近他们之间的关系，再说触及实质的话。而这位区领导，事先完全不知道被邀请到茶楼喝茶的背后还有这些猫腻，他来的目的只有一个，就是工作之余，跟女人在一起放松心情，愉悦身心。

宋伟红那时候刚做保险工作时间不长，工作压力很大，跟人交往的经验不够，见到这位有权力的领导，非常紧张，手里拿着资料，一心只想着自己的业务，没等这位领导进入放松的状态，就突然上前，非常直接地跟领导介绍起自己的业务来。她的业务内容有些部分还很繁琐很专业，宋伟红自己也一时半会说不清楚，这位领导当时有些感觉突然，露出一副始料不及的样子，接着，看宋伟红因为着急也言语不清，就当即打断她的话，说，今天怎么成了谈业务了？言外之意，有些埋怨友人卢琳不说实情的意思。卢琳着急了，赶紧上前把宋伟红挡在身后，解释说，今天就是闲聊，没正经事，业务的事情以后再说。

这位领导听了，也用很谅解的口气说，对，业务的事情，你要是有机会，可以到我办公室谈。这话的意思，就等于拒绝宋伟红现场再和他谈业务，当然，人家说话也留有余地，到我办公室谈。

女友的洞察化解了宋伟红的尴尬，的确，几个人刚坐在一起，彼此间还没有说几句话，场面一点气氛都没有，男人的情绪还没有调动出来，心扉还没有打开，而且更重要的是，你对这个男人是有所求的，但你却还没有能力把握他的情绪状态，你说话的时机也没有把控好，人家不呼应你，所以造成很难堪的局面。

一定要先做到了解男人的情绪状态。知道之后，还要揣摩他的内心的需要。宋伟红碰了软钉子以后，有些气馁。卢琳小声告诉她，别着急，看我的。接下去，不敢再多说话的宋伟红就看着能说会道的卢琳和这位领导说笑。宋伟红看到平素很爱说话的卢琳此时却不怎么多说话，只是做出非常愿意倾听的样子，不断地给对方饶有兴致的讲述一些诚恳和准确的评价还有由衷的认同，真挚而且表现出钦佩。宋伟红看到那位领导渐渐进入谈话的佳境，口若悬河，侃侃而谈，兴奋之情溢于言表。她心中暗自惭愧，知道自己刚才说话太早了，确实不到时候。宋伟红还发现，卢琳真是不简单，她对对方言行的肯定或者质疑的话语，都不是出于凭空想象胡乱说话，她的所有问话，都很有思想和见地，这样才引起人家足够的兴趣，勾起了这位领导想跟她倾诉的愿望。

之后，宋伟红非常纳闷地问卢琳，你怎么知道他会对这些话题感兴趣呢？我怎么不知道呀？卢琳笑着说，当然需要判

断，前提是你要对他有一些了解，我以前跟他也不熟悉，你没注意听吗，我起初和他的谈话，聊起了他的岁数，还很八卦地猜测了他的性格，称赞了他毕业的那所名牌大学，问询了他专业学的是什么，家乡是什么地方，那地方有什么著名的人文景观，等等，之后还问了他以前大学刚毕业从事什么工作，等等。了解了这些，从我们女性的感性本能去思考识别，也能客观地做出一些正确的判断。也许不尽准确，但是总会距离真相更近一些。更重要的是，你因为知道了他的出身、教育程度、经历，就会理解认知包容对方一些你本来不接受、不理解的东西，做到了换位思考，善解人意。

是的，卢琳无疑是一个具有大智慧的女人。在与男人面对面时，女人一定记住，不要用自己的女儿心去思考，而要用对方男人的心去考虑，这样，你就会知道男人在想什么。了解了男人在想什么之后，女人再巧妙地把自己的情绪传递给男人，这仍然需要技巧。

因为我们会遇见不同类型的男人，也许他很博学，也许他很愚笨，也许他善于狡辩，也许他是一个高贵的男人，也许他是个富有的男人，更或者他很贫穷，很失败，还有可能遭受过打击和伤害，当然，他也许是个非常勇敢的男人。无论对方是个怎么样的男人，女人对男人要做到赏识对方，并且谦逊地评价自己，当女人把自己积极向上的情绪传递给男人的时候，

男人会因为自己内心希冀和担心的情绪趋势，而不由自主受到
女人影响，跟随了女人的情绪。

其实更关键的，不要忽视的一条就是，女人要先做到对
自己情绪的了解。女人一定要知道自己的位置，知道自己的
不足，有一颗淡定从容的平常心，别把自己看得太重，也别
把自己看太高，当然也别把自己看轻看低。所以，女人时常
反思自己非常重要。内省的意义，就是叫女人通过反思自己
的言行，找出自己行为的失误和差距，思考为什么这个男人
乐于接受我，为什么那个男人远离我？找到了正确答案，女
人才能进步。

王濛是个优秀的女孩，非常要强，在银行工作，业务能力
非常突出，每年都被评为标兵。但是，王濛同时也是一个个性
过于张扬自视过高的女孩。这样的个性，难免在人际复杂的职
场里和别人发生冲突，产生矛盾。但是王濛自己却不知道为什
么有些同事讨厌反感自己，只是认为自己过于优秀因而遭到别
人嫉妒，她不仅不能主动和大家搞好关系，反而以强势的态度
对抗和对立。有时候，和男女同事在一起，王濛很想积极主动
拉近和大家的距离，更想在大众的场合显出自己的与众不同，
但她又自视甚高，不屑与大家为伍，心情的复杂，就造成王濛
很难把握和处理好自己现场的情绪，当遭到一些对立着的嘲讽
挖苦，心灵就会出现阴影。当一个王濛很想示好的男人因为别

人的态度在她面前表现冷漠甚至躲避的时候，王濛的情绪一下子沉落了，心情立即糟糕透了，当时自己怎么表现的，说的什么话，之后，她都不愿意想起来。

这种困难境遇出现的时候，确实在考验女人的内心承受力，需要女人自身有很强的内心兼容和张弛度。这里给大家一个建议，深呼吸，大喘气，调整心态，凝神，淡定，尽可能放松和平心静气。这样的时候你要记住，在所处的尴尬处境中，你如果有耐力，就努力适应，你觉得难以适应，试图想努力改变处境时，记住这需要你有足够的能量改变，也同时建议你，也许适时地离开也是个不错的办法，至少叫你暂时摆脱尴尬脱身出来。

非常要强的王濛却不是一个有很强感情承受力的女人。她还需要学习很多，思考很多。她应该面对现实，面对各色男人，有勇气和自信，不畏缩和胆怯。王濛也不够成熟，平素里，因为王濛是个女孩，又能干强势，许多男人很给她面子，不跟她相争，有的还很迁就她，时间久了，养成了王濛唯我独尊的个性，只适应唯唯诺诺善于说好话的男人，真正的优秀男人却与其有隙，相互嫌怨，互相猜忌，形同陌路。而且，由于太爱听好听的话，王濛个人的感情生活一塌糊涂，很多素质很低劣的男人围在她身边，巴结她，哄骗她，这之中有的男人其实为了更阴险的罪恶阴谋，就是通过王濛从银行骗贷而奉承她。

幸亏那个骗子在另一场骗局中失手被抓获，才使得王濛幸免一场灾难。这个可怕的教训给王濛很深的触动，她开始思考人生，开始识别男人。渐渐的，自我意识的觉醒中，王濛突然发觉自己从前的不真实——自我膨胀和过于骄傲，王濛开始学会谦逊，开始接受别人的建议，并且努力克服自己身上的缺点和不足。

其实，任何一个女人，在男人面前，都是有自卑情结的。这就需要女人自身的整体综合素质起作用，要知道适当地给男人机会，也是创造女人自己的未来，能做到拥有识别男人的智慧，也使得女人对男人产生一种特别的引领。

实事求是地讲，一个女人一生，所谓成功，依靠如同男人一般有先天的智力因素成功的非常难得。这是因为积习的桎梏，传统理念造成的思考的障碍，约束控制了女人。我们不要求女人有很高的智力或者学问，只消她感受到生活的真实和真正的乐趣就足够了，能否幸福，能否快乐，识别男人，懂得男人，和男人和谐相处，彼此鼓舞和激励，其实是女人内心高尚境界的完美体现。

我很难断定是女人影响男人过多，还是男人影响女人尤甚。我想说彼此的影响都无处不在。一个女人，需要有男人追随，男人的主动和热衷追随，无疑造就了女人自信的心态和对自我评判的提升。反之，没有男人追随的女人，就多多少少失去了女人的社会影响力。我们虽然不能用有多少追随者评判女

人的某种能力，但是，值得肯定的是，能调动更多的男人的情绪，无疑这样女人的能力就不可小觑和低估。

一个能调动众多男人情绪的女人，一定是一个有一双机智聪慧的眼睛，特别善于识别男人的女人，因为有这样的一双眼睛，叫她知道男人的内心在想什么，想得到什么，也知道自己看见了什么，能给予对方什么。并且把这些观察的经验巧妙和灵活地运用起来，调动男人的情绪并获得和促进他们的追随行为。

女人在这个过程中，提升了自己。她在自我情绪的辨析和掌控中，发现了她自我的魅力所在，渐渐的，女人亲和力的散发，温馨气氛的营造，恰到好处的谈吐举止，语调语气的适当温婉，都在悄悄把周围男人的目光吸引到她的身上，叫男人身不由己地靠近了她。

永远记着我告诉你们的话，或许这应该当做女人的悄悄话来说更合适，那就是，在这个纷繁复杂的世界上，无论是事业的牵绊还是红尘的困扰，当一个男人靠近你，只是你和他的世界，这个世界那么狭隘拥挤，有时候你会突然感觉身心的疲惫和难以喘息，而当你把目光投向远处，你就会看到那另外的男人朝你走来，或者你看周围，更多的男人在向你投以崇敬追随的目光的时候，一个不寻常的女人的影响力就已经产生了。